MOSAIK WERKSTATT TIPS

POLSTERMÖBEL restaurieren

Derek Balfour

Mosaik Verlag

Bildnachweis

Der Verlag dankt folgenden Personen und Organisationen für die Mitarbeit bei der Produktion dieses Buches.
Jeder, den wir vergessen haben, möge es uns verzeihen.
Fotos: Derek Balfour 4, 35, 48, 62 Bild-im-Bild, 65 unten; Jon Bouchier 1, 6, 8, 10, 13 rechts, 14, 16, 22, 24, 29, 31, 32, 37, 45, 47, 62 Vollbild, 65 oben, 69, 72, 73, 75; The Bridgeman Art Library 13 links; Eldridge, London 71 unten; Jeremey Mulcaire 52, 57, 61; Elizabeth Whiting & Ass. (Tom Leighton) 71 oben.
Die Stoffe auf den Seiten 72/3 wurden von Sanderson zur Verfügung gestellt, die Borten auf Seite 75 von T. A. Hodder & Co. Ltd.
Aufpolsterungen: Derek Balfour 1, 4, 16, 22, 24, 28, 31, 32, 35, 37, 45, 47, 48, 62, 69; Joan Ball 52, 57, 61.
Illustrationen: Steve Cross 34, 35, 44, 60, 75, 76; Hussein Hussein 13, 27, 28, 30, 69; Aziz Khan 18, 21, 23, 36, 39, 40, 43, 49, 50, 54, 55, 57, 59; Coral Mula 15; Rob Shone 61, 67.
Wir danken dem London College of Furniture für seine Hilfe bei der Arbeit an diesem Buch.

Für Allanah Campbell, Gerald, Tessa, Jarvis und Lesley

Die Originalausgabe erschien unter dem Titel *Re-upholstery Techniques* in der Reihe *Craftman's Guides* bei Ebury Press, London.

Planung und Produktion: Swallow Productions Ltd., London
Redaktion der englischen Ausgabe: Anne Yelland
Art Director: Glynis Edwards
Designer: Barry Walsh
Illustratoren: Steve Cross, Hussein Hussein, Aziz Khan, Coral Mula, Rob Shone
Fotos: Jon Bouchier
Studio: Barry Walsh
Bildrecherche: Liz Eddison

Aus dem Englischen übersetzt von Dr. Helga Zoglmann
Redaktion der deutschen Ausgabe: Dr. Dieter Struss, Grafing bei München

Der Mosaik Verlag ist ein Unternehmen der Verlagsgruppe Bertelsmann.

Satz: Filmsatz Schröter GmbH, München
ISBN 3-570-04633-8
Printed in Hongkong

Inhalt

Einleitung

Kurze Geschichte

Polstermöbel im weitesten Sinn sind alle mit Leder oder irgendeiner Art von Textilien bespannten Möbel. Von Grabausstattungen wissen wir, daß schon die alten Ägypter Polstermöbel kannten. In Europa allerdings beschränkte sich die Polsterkunst offenbar lange auf das einfache Polster.

Die gefüllten und vernähten Gebilde, die wir als »traditionelle« Polsterung bezeichnen, wurden im 18. Jahrhundert entwickelt und änderten sich kaum, bis etwa hundert Jahre später die Sprungfedern eingeführt wurden. Patentiert wurden die Sprungfedern 1828 in England durch Samuel Pratt; in Frankreich allerdings wurden sie wahrscheinlich schon zu Ende des 18. Jahrhunderts verwendet. Im Lauf der Zeit benutzte man die verschiedensten Füllmaterialien, doch Federn, Roß- und Rinderhaar zählen wohl zu den ältesten.

Restaurieren von Polstermöbeln

Dieses Buch ist in sogenannte Projekte eingeteilt, wobei jeweils das nächste schwieriger ist als das vorhergegangene. Die Werkstücke sind so ausgewählt, daß möglichst viele Methoden und Konstruktionen erklärt werden, damit Sie durch Überlegung und sorgfältigen Vergleich sich auch an hier nicht besprochene Projekte wagen können. Wenn Sie noch nie etwas gepolstert haben, dann beginnen Sie besser nicht gleich mit einem Lehnstuhl; das ist eine so langwierige Arbeit, daß Sie vielleicht den Mut verlieren. Um Ihnen eine Vorstellung zu geben, wie lange sie zu der einen oder anderen Arbeit brauchen: Das erste Projekt nimmt etwa einen ganzen Tag in Anspruch, das zweite zwei bis drei Tage.

Lesen Sie die Beschreibungen der einzelnen Projekte mehrere Male durch, bevor Sie mit der Arbeit beginnen, damit Sie ungefähr wissen, worauf Sie sich einlassen. Denken Sie daran, daß **Sie** der Chef sind, und daß Sie alles, was Ihnen nicht gefällt – wie vielleicht eine Stichreihe –, auftrennen und nochmals machen können; nehmen Sie sich vor, perfekte Arbeit zu leisten, aber geben Sie nicht gleich auf, wenn die ersten Versuche nicht gut gelingen. Ein guter Rat: Machen Sie nacheinander mehrere ähnliche Arbeiten, bevor Sie sich an etwas Komplizierteres heranwagen. Und wenn die Versuchung noch so groß ist, sich sofort auf Großmutters Lehnstuhl mit Knopfheftung zu stürzen: warten Sie, bis Sie die dabei auftauchenden Probleme auch wirklich lösen können.

Eine der Grundtechniken der traditionellen Polsterung ist der Blindstich zur Bildung einer festen Kante. Damit bleibt die Polsterung jahrelang in Form.

Werkzeuge und Arbeitsgeräte

Polsterhammer gibt es mit verschieden großen Schlagflächen; am praktischsten ist eine glatte Schlagfläche von ca. 12 mm Durchmesser. Ob der zweite Kopf magnetisiert ist oder eine Klaue hat, ist nicht so wichtig.

Der Kabriolhammer hat mit ca. 8 mm Durchmesser eine besonders kleine Schlagfläche und ist vor allem dann praktisch, wenn man nahe an poliertem Sichtholz oder Schnitzwerk arbeitet.

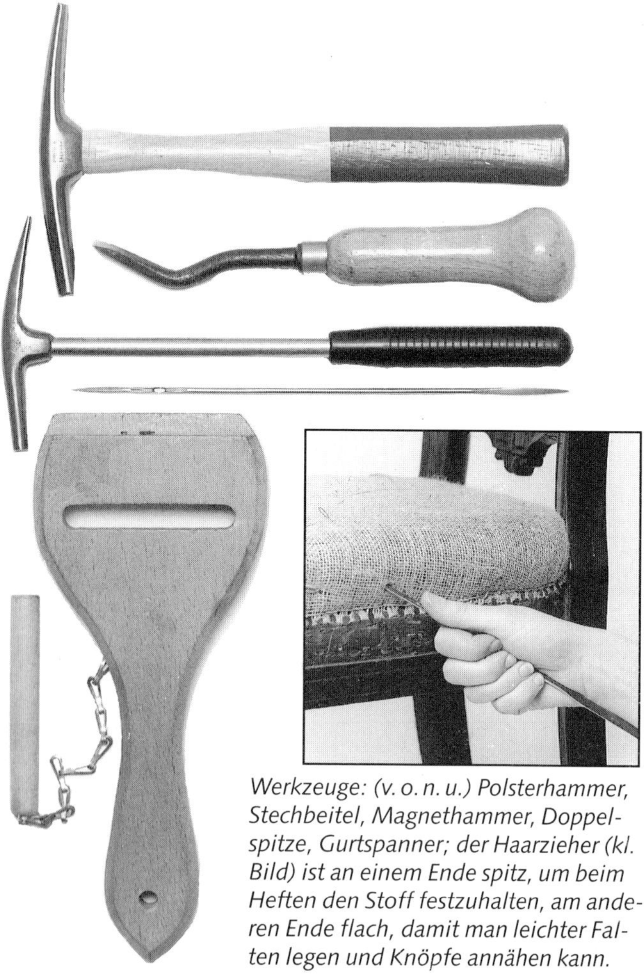

Werkzeuge: (v. o. n. u.) Polsterhammer, Stechbeitel, Magnethammer, Doppelspitze, Gurtspanner; der Haarzieher (kl. Bild) ist an einem Ende spitz, um beim Heften den Stoff festzuhalten, am anderen Ende flach, damit man leichter Falten legen und Knöpfe annähen kann.

Ein Stechbeitel ist ein billiges, aber unerläßliches Instrument, um alte Polsterungen zu entfernen. Es sieht ähnlich wie ein Schraubenzieher aus, sein Blatt hat einen harten Rand. Der Schaft kann gewunden oder gerade sein.

Mit dem **Gurtspanner** lassen sich Gurte viel straffer ziehen, als das sonst möglich wäre. Die »Fledermaus«-Form ist die billigste und gebräuchlichste.

Der **Haarzieher** dient vor allem dazu, das Füllmaterial unter dem Bezug zurechtzuschieben und ist ebenfalls unerläßlich. Es gibt verschiedenen Längen und Stärken; am praktischsten ist eine Länge von 23 oder 25 cm mit einer eher geringen Stärke.

Doppelspitzen sind Nadeln zum Aufnähen von Knöpfen und zum Heften. Es gibt zwei Arten: runde Spitzen für Knöpfe, Bayonettspitzen (dreieckig) zum Heften. Diese Doppelspitzen sind in verschiedenen Längen und Breiten zu haben; für den Anfang nimmt man am besten eine Länge von 25 cm und eine eher breite Nadel.

Die Aufnähnadel ist eine gebogene Nadel mit flacher Spitze, mit der man Sprungfedern an Gurte näht.

Halbkreisförmig gebogene Nadeln gibt es in verschiedenen Größen und Stärken von 25 mm bis 15 cm Länge. Die kleineren verwendet man zum Nähen von Bezügen, die größeren dort, wo man mit geraden Nadeln nicht weiterkommt.

Einen **Holzhammer** braucht man zusammen mit dem Stechbeitel dort, wo man alte Polsternägel und Polsterungen entfernen muß, der Hammer sollte also ziemlich groß sein.

Scheren sollten von guter Qualität und bis zur Spitze scharf sein, um damit Stoff abschnippeln zu können. Jede gute Schere ist verwendbar, am besten eignen sich Scheren von 20 bis 23 cm Länge.

Mit **Polsternägeln** kann man Fassonleinen, Nessel oder auch den Bezug befestigen.

Stahlstifte befestigen das Material während der Arbeit. Am gebräuchlichsten ist eine Länge von 40 mm; die Stifte sollen sehr hart sein.

Als **Arbeitstisch** benutzen die Tapezierer meist Zeichentische auf Schragen; für die meisten Arbeiten genügt jedoch eine einfache Tischplatte.

Weitere **nützliche Werkzeuge:** ein scharfes Handwerksmesser, eine Zange, Schneiderkreide, ein weiches Meßband und ein gerades Meßholz zum Zuschneiden von Paspeln usw. Der gesamte, für das Aufpolstern notwendige Werkzeugkasten muß weder besonders umfangreich noch teuer sein.

Traditionelle Materialien

Sackleinen (Federleinen) wird aus Jute gemacht und in drei Stärken benutzt:
mit 340 g über Gurten und/oder Sprungfedern, als Unterlage für die weitere Polsterung,
mit 280 g, in ähnlicher Weise wie die 340-g-Qualität,
mit 210 g, manchmal anstelle von Fassonleinen, als Überzug über die erste Füllung.

Fassonleinen umschließt die erste Polsterfüllung. Wie Sackleinen besteht auch dieser Stoff aus Jute, die aber feiner gesponnen ist. Fassonleinen aus Leinen wird für besonders hochwertige Arbeit verwendet. Die Gewichtsangabe für Sack- und Fassonleinen bezieht sich auf ein Stoffstück von 115 cm × 90 cm.

Kaliko (Musselin) umschließt alle Füllungen unter dem Bezug. Zum Polstern sind mittelschwere oder leichte Qualitäten am besten geeignet.

Inlett ist eine feingewebte, mit Wachs beschichtete Baumwolle für Federkissen.

Zuspannstoff (oder Staubboden), manchmal auch Polsterleinen genannt (obwohl heute meist aus Baumwolle), wird für Sitzunterseiten benutzt und fängt den Staub auf, der eventuell aus der Füllung herunterfallen könnte.

Gurtbänder stützen alle anderen Füllungen. Sie sind entweder aus Jute oder Köperstoff aus Baumwolle und Flachs (auch Englischer Gurtstoff genannt). Beide Arten sind meist ca.5 cm breit; Jutegurte gibt es in Rollen von 33 m, Englische Gurte in Rollen von 16,5 m.

Leinfilz, auch Baumwollfilz genannt, besteht aus feiner Baumwollfaser und wird als dicke Wattierung in Rollen von ca. 66 cm, Breite erzeugt. Man befestigt diese Schicht über der zweiten Füllung, aber unter dem Bezug.

Oberflächenwattierung (Polsterwatte) ist eine sehr dünne Wattierung aus Baumwolle, die auf eine »Haut« gezogen wird, um die Fasern zusammenzuhalten. Es wird genauso verwendet wie der Leinfilz, nur auf kleineren Stühlen.

Roßhaar ist meist eine Mischung aus Roßhaar und Schweineborsten. Die beste Qualität ist immer noch reines Roßhaar, das lang, strähnig und stark gelockt sein sollte. Roßhaar aus alten Stühlen kann man waschen und dann wiederverwenden. Wegen seiner Kosten wird Roßhaar oft nur noch als zweite Füllung verwendet.

Von links nach rechts: *Sackleinen (Federleinen) als Grundlage; Fassonleinen, das die Füllung umschließt; Kaliko oder Nessel als Unterbezug; Inlett für Kissenbezüge; Zuspannstoff zum Auffangen des Staubs; Leinfilz und Polsterwatte als Wattierung unter dem Bezug; und Gurtbänder mit Fischgrätmuster.*

Kokosfaser.

Roßhaar.

Faser (oder Fiber) ist ein Roßhaarersatz. Kokosfaser (aus den Rinden der Kokosnuß) ist heute am gebräuchlichsten, aber auch Heu, Schilf und Seegras wurden früher oft verwendet. Kokosfaser ist entweder rötlich-braun oder schwarz gefärbt; das schwarze Material läßt sich leichter verarbeiten, färbt aber auf die Hände ab. Faser kann nicht wiederverwendet werden.

Polsternägel haben feine, scharfe Enden. Es gibt zwei Arten: verstärkte und feine. Die verstärkten haben große Köpfe und dicke Stiele, die feinen, wie schon ihr Name sagt, kleine Köpfe und dünne Stiele, Polsternägel gibt es in verschiedenen Längen, aber der Tapezierer braucht hauptsächlich drei Längen, und zwar:

15-mm-Nägel zum Befestigen der Gurtbänder. Ob man die verstärkten oder die feinen nimmt, hängt von der Dicke des Holzes ab, da bei einem feinen Nagel eher weniger Gefahr besteht, ein hartes Holz zu spalten als beim dickeren, verstärkten Nagel.

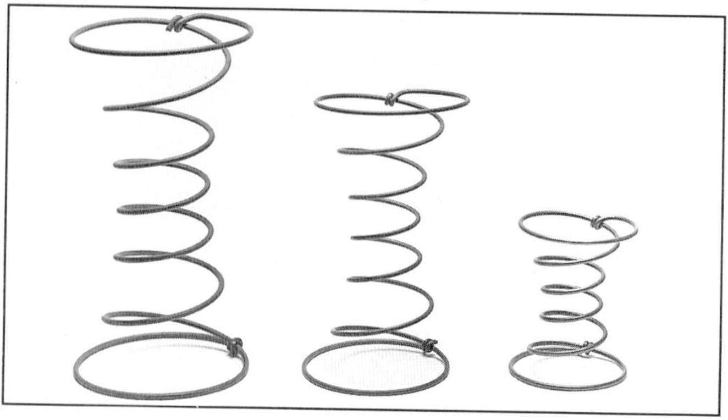

Doppelkegel- oder Sanduhrfeder gibt es in verschiedenen Höhen und Drahtstärken.

12-mm-Nägel braucht man zum Befestigen von Gurtbändern auf leichten Rahmen, wie z. B. bei einem herausnehmbaren Polster oder bei komplizierten Nadelfüllungen. Die feinen Nägel braucht man zum provisorischen Befestigen von Federleinen und Fassonleinen sowie zum Befestigen von Grundbezug aus Federleinen;

10-mm-Nägel von der verstärkten Art braucht man zum Befestigen von Federleinen und Fassonleinen, die feinen zum Befestigen von Nessel und Bezug.

Bortennägel braucht man vor allem zum Befestigen von Borten, aber auch zum Befestigen des Bezugs auf leichten Stühlen oder an Stellen, wo ein Polsternagel zu auffallend wäre. Es gibt sie in vielen Farben.

Garnierfaden zum Polstern bestehen meist aus Hanf mit Jute oder Flachs. Es gibt drei Stärken: ein starker zum Aufnähen der Sprungfedern und für ähnlich grobe Arbeiten; ein mittlerer, um Kanten herauszuarbeiten; und ein feiner zum Aufnähen von Knöpfen und zum Abnähen von Polsterkanten. Für die Knöpfe verwendet man oft Garnierfaden aus Nylon. Garnierfaden gibt es in Knäueln zu 250 g.

Schnürfaden bestehen meistens aus Hanf, die Strähnen sind so zusammengelegt, daß sie sich nicht dehnen. Das Garn dient zum Schnüren der Federn und wird in 500-g-Knäueln verkauft.

Litzenkord besteht aus dreifädiger weicher Baumwolle und wird nach Nummern verkauft (00, 1, 2, 3, usw.); je kleiner die Zahl, um so feiner das Garn, obwohl die Stärken von einem Erzeuger zum anderen variieren. Für Stoffe mit Oberflächenflor wie Samt braucht man eher dünneres Garn.

Schlinggarn braucht man zum Aufnähen von Bezügen mit der Hand. Falls man den echten Polstererleinfaden nicht bekommt, ist auch jedes gute Teppichgarn geeignet. Im Handel ist das Garn in verschiedenen Farben erhältlich, aber die Naturfarbe ist die gebräuchlichste.

Die **Sprungfedern** in der traditionellen Polsterung werden, je nach ihrer Fasson, Doppelkegel- oder Sanduhrfedern genannt. Es gibt sie in Größen von 75 mm bis 35 cm sowie in verschiedener Drahtstärke (je nach Stärke der Feder und Drahtdicke) von 8 bis 15. Die Stärken 9 und 10 verwendet man für Sitze (10 ist die häufigste); 11, 12 und 13 für Rückenlehnen, 14 und 15 für Armlehnen. Andere Arten von Sprungfedern kommen in diesem Buch nicht vor.

Der Aufbau

Eine traditionelle Polsterung besteht aus mehreren Schichten von Web- und Füllstoffen in unterschiedlicher Stärke. Die Anzahl dieser Schichten ist variabel, aber der Aufbau ist immer gleich. Die am Rahmen befestigten Gurtbänder nehmen den meisten Druck auf und stützen die Federn, so vorhanden. Manche Stühle sind ungefedert, andere haben Federn im Sitz, am Rücken und in den Armlehnen. Sowohl die Höhe wie auch die Stärke der Federn sind verschieden, aber die Art der Befestigung an den Gurtbändern ist immer gleich. Die Federn werden dann zusammengenäht oder gekordelt, damit sie sich in etwa miteinander bewegen können.

Über die Gurtbänder oder Federn kommt eine Schicht aus grobem Feder- oder Sackleinen; daran werden die Federn genauso festgemacht wie an den Gurtbändern. Damit haben wir die Basis für die erste Füllung. Diese besteht aus einem losen Material, also entweder Haar oder (heutzutage gebräuchlicher) Pflanzenfaser, und wird mit Garnschlingen aus Garnierfaden am Sackleinen festgemacht. Fassonleinen umschließt diese erste Füllung.

Wenn der äußere Rand des zu polsternden Teils über eine gewisse Höhe reicht, so macht man eine harte Kante (eine Randrolle oder Keder), damit die Form gehalten wird. Eine harte Kante kann man auf geraden wie auch auf gebogenen Rändern sowie auf Sitzen, Rücken, Armlehnen oder Flügeln machen; es muß aber nicht unbedingt jede Kante auf einem Möbelstück hart sein. Es gibt viele Möglichkeiten zur Erzeugung einer solchen harten Kante, um die Form zu halten; die gebräuchlichste besteht darin, daß man den Rand entlang eine Stichreihe näht und dadurch die Füllung im Rand festhält. Mit ein oder zwei Reihen Blindstichen oder Senkstichen holt man die Pflanzenfaser in die Sitzbasis, und mit einer oder mehreren Reihen im Hinterstich hält man die Kante fest. Im Lauf der Jahrhunderte entwickelten sich mehrere Methoden, eine feste Kante zu erzeugen, aber die hier beschriebene ist die traditionelle, deren sich viele Polsterer auch heute noch bedienen.

Über das Fassonleinen kommt eine zweite Füllschicht, diesmal dünn und unvernäht; diese Füllung sollte jetzt aus Haar bestehen. Sie wird von Nessel umschlossen. Mit dem Nessel wird nun auch das Möbelstück in seine endgültige Form gebracht. Eine Wattierungsschicht über dem Nessel verhindert, daß die Haarfüllung sich durch den Nesselstoff arbeitet und womöglich aus dem Bezug heraussteht. Für den Bezug eignen sich die verschiedensten Stoffe; auf den Seiten 72/73 finden Sie Hinweise auf die richtige Stoffwahl.

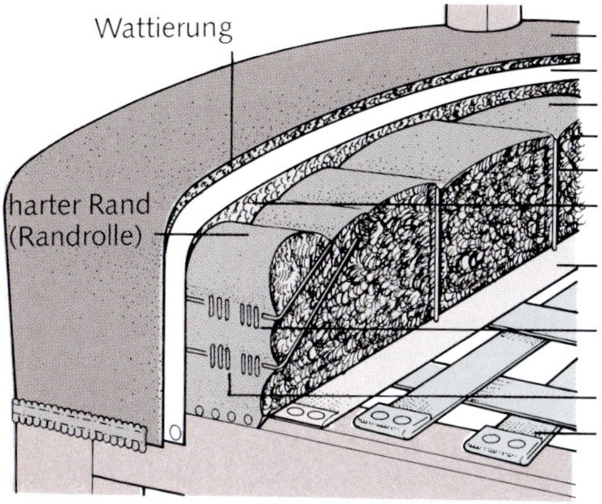

Querschnitt durch einen ungefederten Stuhl

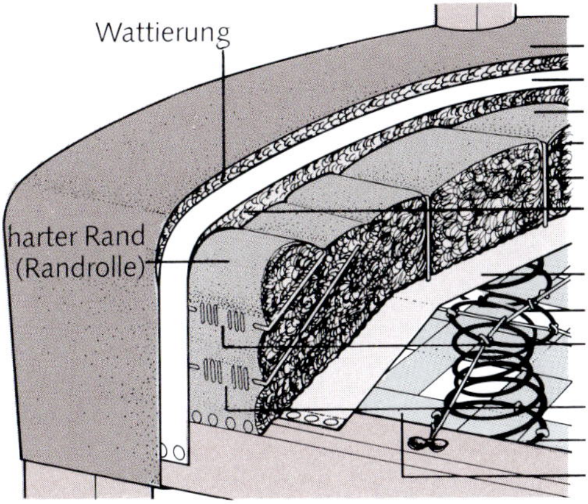

Querschnitt durch einen gefederten Stuhl.

Ein gefederter Stuhl ist zwar bequemer, aber im Aufbau besteht grundsätzlich kaum ein Unterschied.

Stuhlrahmen

Traditionelle Stuhlrahmen sind üblicherweise aus Holz, meist aus Buchen- oder Birkenholz. Wir unterscheiden zwei Rahmentypen: komplett überpolsterte, bei denen nur die Beine sichtbar sind, und Sichtholz, bei denen das Holz manchmal mit Schnitzwerk verziert, jedenfalls aber sichtbar ist. Die sichtbaren Rahmenteile sind aus den unterschiedlichsten Hölzern gefertigt.

Wie der Rahmen verfugt ist, hängt von Qualität und Alter des Möbels ab. Am häufigsten sind verdübelte Fugen oder Zapfenloch mit Zapfen (Nut) oder eine Verbindung von beiden. Zwar hat jeder Teil des Rahmens einen (meistens einleuchtenden) Namen; aber alle Rahmen mit Vollbezug besitzen einen Teil, der für den Polsterer besonders wichtig ist: die Stuhl- oder Rahmenleisten. Diese Leisten haben ungefähr in Sitzhöhe einen Zwischenraum, durch den die Bezüge geschoben werden.

Viele moderne Rahmen (auch solche in traditioneller Form) nennt man »zerlegbar«, weil Arme, Rücken und Sitz einzeln gepolstert und zusammengeschraubt werden, worauf dann der oberste Bezug angebracht wird. Diese Rahmen sowie auch Stühle mit Eisenrahmen werden in diesem Buch nicht behandelt.

Die meisten Rahmen sehen oft aus, als könnten sie kaum die Polsterung tragen; Stuhl- oder Rahmenleisten sind daher wesentlich.

Abpolstern

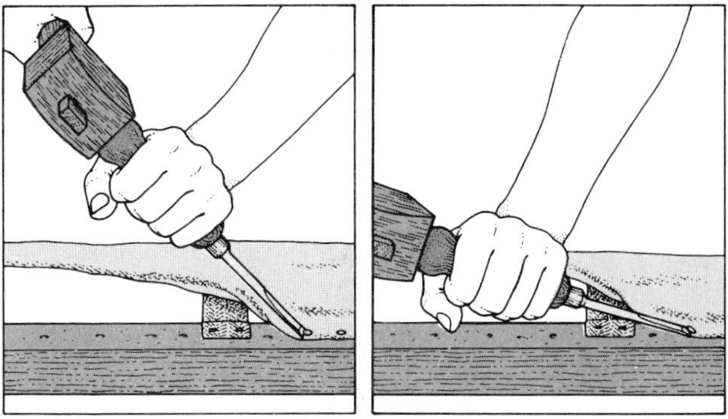

Um den Rahmen abzupolstern, verwendet man Stechbeitel und Holzhammer in Richtung der Maserung.

Abpolstern von Stuhlrahmen

Bei einem wirklich wertvollen alten Stuhl läßt man sich am besten von einem Fachmann oder auch in einem Museum beraten, bevor man Hand anlegt. Machen Sie unbedingt Skizzen oder fotografieren Sie das Möbel von allen Seiten, bevor Sie mit dem Abpolstern beginnen. Achten Sie etwa auf die Sitzhöhe an den Kanten, wo die Borte ist, sowie auf Form und Größe des vorderen Armlehnenabschlusses. Sie glauben vielleicht, daß Sie sich später daran erinnern, aber sobald der Stuhl einmal abgepolstert ist und Sie erkennen, daß dem nicht so ist, ist es zu spät. Nehmen Sie zuerst mit dem Stechbeitel und dem Holzhammer den Staubboden ab. Arbeiten Sie dabei entlang der Holzmaserung von den Ecken weg, und achten Sie darauf, daß Sie vom Holz nichts absplittern. Als nächstes entfernen Sie die äußeren Bezüge von Rücken- und Armlehnen und machen sich dabei fortlaufend Notizen und Skizzen. So müssen Sie z. B. festhalten, ob der Innenarm durch den Stuhlrücken hinausführt oder durch jene Seite der Armlehne, die dem Rücken am nächsten ist. Beim Zerlegen des Stuhls vergleichen Sie das Objekt mit den entsprechenden Illustrationen in diesem Buch; dann finden Sie sich später leichter zurecht.

Sobald Sie Polsterung und Nägel entfernt haben, werfen Sie einen Blick auf die Fugen. Wenn diese locker sind, müssen Sie sie neu leimen. Wenn die Stellen, wo Sie Nägel einschlagen müssen, so aussehen, als würden neue Nägel eventuell nicht mehr halten, dann mischen Sie Sägemehl mit etwas Holzleim und füllen damit die Löcher. Dann kleben Sie Streifen Federleinen oder Nessel darüber, damit die Sägemehlfüllung nicht herausfällt. Ist auch das polierte Sichtholz reparaturbedürftig, dann empfehlen wir Ihnen, sich von einem Fachmann beraten zu lassen.

Projekt 1: *Ein herausnehmbares Polster*

Einfache Sitzflächen

Die Polsterung bei herausnehmbaren Sitzflächen ist einfach; sie geht auf das 17. Jahrhundert zurück, wo auch Stuhlrücken oft auf diese Weise hergestellt wurden. Der Rahmen, an dem die Polsterung befestigt ist, besteht meist aus vier in den Ecken verfugten Holzlatten (für gewöhnlich Buchenholz). Manchmal sind diese Latten am vorderen Rand gewunden, aber das hat wenig Bedeutung für den Aufbau der Polsterung. Der Unterrahmen sitzt im Hauptrahmen mit einem kleinen Zwischenraum – in diesen Zwischenraum werden dann die Bezugsstoffe gesteckt.

Obwohl im allgemeinen bei herausnehmbaren Polstern die Kanten nicht sichtbar sind, gilt das aber manchmal nicht für die Vorder- und die Hinterkanten, und manchmal ist die Vorderkante auch nicht flach, sondern abgerundet. In diesem Fall muß man darauf achten, daß beide Kanten sehr sauber gearbeitet sind, und daß der untere Bezug nicht unter der Sitzkante heraussieht.

Trotz ihrer einfachen Konstruktion sind herausnehmbare Polsterungen nicht leicht zu bearbeiten, weil sie so beweglich sind. Wenn Sie die Gurtbänder befestigen, klammern Sie den Rahmen am besten an die Werkbank oder nageln ein altes Gurtband quer über eine Rahmenecke an die Werkbank; auf diese Weise kann sich der Rahmen nicht aufstellen, wenn Sie die Gurtbänder spannen. Achten Sie beim Abpolstern des Rahmens darauf, wie viele Gurtbänder in jeder Richtung liegen. Die alte Polsterung eines herausnehmbaren Polsters muß man fast immer abnehmen und wegwerfen. Meist ist die Wattierung ganz flach, und die Gurtbänder sind ausgeleiert; daher hängt der Stuhl durch.

Grundtechniken

Ein Stuhl mit herausnehmbarer Polstersitzfläche eignet sich gut als Erstlingsarbeit, weil man viele Grundtechniken der Polsterkunst daran lernen kann. Trotz der Unterschiede zwischen den einzelnen Stücken bleiben die Grundtechniken die gleichen, ob man nun eine Rückenlehne, einen Sitz, einen Armteil oder ein Ohr behandelt. Wenn Sie mehr als einen Stuhl mit herausnehmbarem Polster neu polstern müssen, dann bearbeiten Sie am besten immer zwei und zwei gleichzeitig, damit Sie dann am Ende immer etwa zwei gleiche Stühle haben.

Die Neupolsterung eines Stuhls mit herausnehmbarem Polster ist günstig für den Anfänger, denn die Arbeit ist einfach und geht schnell, und man lernt dabei viele grundlegende Methoden des Polsterns: die Befestigung von Gurtbändern und Federleinen; Lasierstiche zum Verankern der Füllung; und das Anbringen von Nessel, Polsterwatte, Staubboden und Bezug.

Gurtbänder

Gurtbänder werden bei ungefederten Stühlen meistens an der Oberseite des Rahmens und bei gefederten Stühlen an der Unterseite des Rahmens befestigt. Der obere äußere Rand des Einlegerahmens sollte abgekantet sein; wenn der Sitz also keinen abgekanteten Rand hat, dann sollten Sie zuerst einen einlegen. Die Gurtbänder müssen auf der von den Sesselleisten gebildeten Fläche gleichmäßig verteilt werden; markieren Sie daher zunächst den Mittelpunkt der vier Leisten auf den Ober- und Unterflächen.

Arbeiten Sie immer mit der Gurtbänderrolle; Sie werden Probleme bekommen, wenn Sie mit bereits vorgeschnittenen Längen arbeiten wollen. Schlagen Sie das Gurtband am Ende ca. 2,5 cm breit ein. Legen Sie das Gurtband auf die hintere Rahmenmitte mit

Befestigen von Gurtband und Federleinen

1 *Gurtband spannen, dann drei Polsternägel einschlagen.*

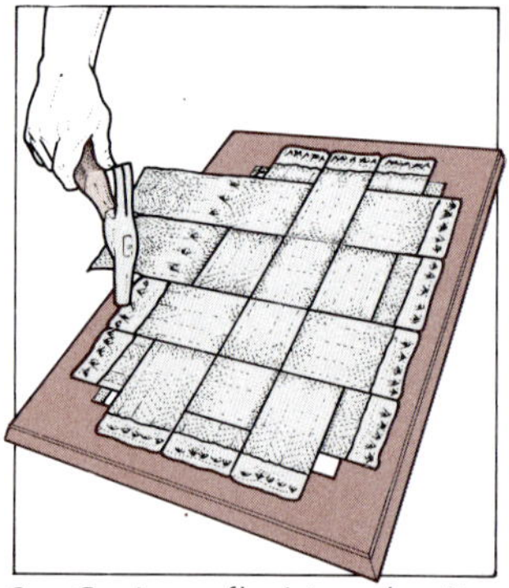

2 *Gurte verflechten, damit sie mehr tragen können.*

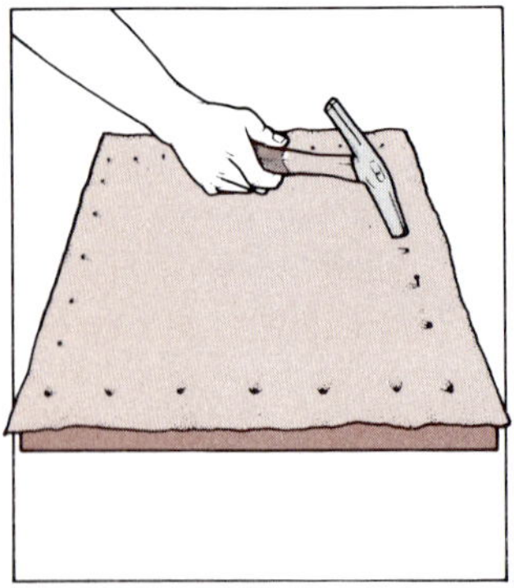

3 *Federleinen ca. 2 cm überstehend, Rest wegschneiden.*

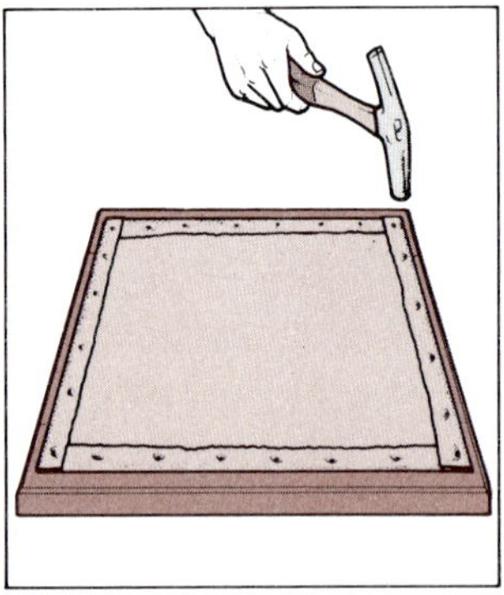

4 *Federleinen mit Polsternägeln festschlagen.*

der Falte bis etwa zur halben Rahmenbreite, und schlagen Sie fünf Polsternägel so ein, daß sie ein »W« bilden. Nur bei sehr hartem, brüchigen Holz sind 12 mm feine Nägel zu empfehlen; ansonsten 12 mm verstärkte Nägel. Der Umschlag des Gurtbandes soll oben sein. Dann spannen Sie mit dem Gurtspanner den Gurt hin zur Vorderseite des Einlegerahmens. Bei zu starker Spannung kann sich ein leichter Rahmen werfen; trotzdem muß das Gurtband gespannt sein, es soll »trommeln«, aber ja nicht durchhängen.

Legen Sie die Gurtbänder auf die vordere Rahmenmitte und nageln wieder in der Mitte der Leiste drei Nägel fest durch eine Gurtstärke, während Sie das Gurtband zugleich spannen. Etwa 2,5 cm nach den Nägeln schneiden Sie das Gurtband ab, biegen diesen Überschlag zurück und nageln ihn mit zwei weiteren Nägeln fest. Diese fünf Nägel sollten ebenfalls ein »W« bilden. Sie werden genauso viele Gurtbänder brauchen, wie Sie vorher entfernt haben. Arbeiten Sie von der hinteren Mitte nach außen und befestigen Sie zuerst alle von hinten nach vorn verlaufenden Gurtbänder, dann erst die von Seite zu Seite verlaufenden, die Sie mit der ersten Reihe der Gurtbänder verflechten.

Sackleinen (Federleinen)

Das Federleinen bedeckt die Gurtbänder und stützt die Füllung; wenn dieses Federleinen durchhängt, dann wird auch die Füllung wahrscheinlich durchhängen. Messen Sie den Rahmen an der breitesten Stelle (von einer Seite zur anderen und von vorn nach hinten) und geben Sie ca. 5 cm an jeder Seite zu, dann schneiden Sie das Stoffstück entsprechend zu. Falten Sie es einmal von vorn nach hinten zusammen, markieren Sie die Mitte, legen den Stoff über die Gurtbänder und halten das Gewebe rechtwinkelig zum Sitz. Jetzt kann das Federleinen provisorisch befestigt werden. Dabei treiben Sie die Polsternägel nur etwa zur Hälfte ins Holz, damit sie, falls Änderungen notwendig sind, leicht wieder herauszunehmen sind. Benutzen Sie verstärkte 10-mm-Nägel und beginnen Sie in der Mitte hinten. Spannen Sie das Federleinen nach vorn, und nageln Sie es hier zunächst einmal fest, dann machen Sie das gleiche an den Seiten. Fahren Sie mit der provisorischen Befestigung an der hinteren Leiste fort, indem Sie etwa alle 4 cm einen Nagel einschlagen; dann kommt die vordere Leiste dran, zuletzt die Seiten. Beim Einschlagen der Stifte spannen Sie den Stoff. Sobald das ganze Stück provisorisch befestigt ist, schlagen Sie die Stifte an der vorderen Leiste endgültig fest. Bei der Beschlagung der hinteren Leiste spannen Sie das Federleinen noch einmal, und bei der Arbeit an den Seitenleisten achten Sie darauf, daß das Gewebe wirklich viereckig d. h. fadengerade ist.

Dann machen Sie die Ränder fertig, wie auf der Illustration auf der gegenüberliegenden Seite dargestellt.

Füllung der Sitzfläche

Lasierstiche machen Sie mit einer Garniernadel und dünnem Garnierfaden. Beginnen Sie etwa 6,5 cm von der Rahmenkante, machen einen Schlaufknoten, dann arbeiten Sie mit Schnurschlingen rund um den Sitz und machen erst am Ende wieder einen Knoten in das Garn. In der Mitte werden Sie einige Schlingen brauchen, wieviel, hängt von der Größe ab – bei einem kleinen Sitz genügt vielleicht schon eine einzige Schlinge durch die Mitte. Die Höhe der Schlinge hängt davon ab, wieviel Füllung Sie benötigen; für einen Sitz mit Einlegerahmen muß die Schlaufe gerade nur so hoch sein, daß Sie Ihre Hand darunterschieben können.

Die beste Füllung, Haar, ist leicht zu verarbeiten und wird auch zum Unterschied von anderen Füllungen nicht nach einiger Zeit flach. Um Klumpen zu vermeiden, muß man das Roßhaar vor der Einarbeitung aufzupfen. Dazu nehmen Sie eine Handvoll, ziehen das Haar auseinander und lassen es in eine Plastiktüte fallen. Sobald Sie eine entsprechende Menge aufgelockert haben, nehmen Sie davon eine Handvoll und schieben Sie es, von der rückwärtigen linken Ecke ausgehend, unter die Lasierstiche. Jede weitere Handvoll, die Sie einarbeiten, verzupfen Sie gleichzeitig mit dem übrigen Roßhaar. Verarbeiten Sie zuerst die Seiten, dann erst füllen Sie den Mittelteil auf; hier brauchen Sie etwas mehr Füllung.

Abdeckung mit Nessel

Messen Sie über der Füllung an der breitesten Stelle, dann rundherum zum Boden des Rahmens, und geben Sie ca. 5 cm auf allen vier Seiten dazu; dann schneiden Sie den Nessel zu. Das Gewebe muß immer genau viereckig bleiben; zu diesem Zweck falten Sie das Stück zusammen und markieren die Mitte. Wenn der Zwischenraum zwischen dem Einlegerahmen und dem Stuhlrahmen nicht groß genug ist, um Polsternagelkopf, Nessel und Bezug aufzunehmen, dann nageln Sie den Nessel auf die Unterseite des Einlegerahmens. Normalerweise nagelt man den Nessel an die Außenseite des Rahmens. Nageln Sie zuerst 16-mm-Feinnägel provisorisch an die Mitte hinten, vorne und an der Seite, wobei der Nessel genau viereckig und gespannt bleiben muß. Dann nageln Sie weitere Polsterstifte in ca. 4 cm Abstand an die hintere Leiste, spannen dann die Nessel zur vorderen Leiste hin und befestigen den Stoff dort. Zuletzt kommen die Seiten dran; auch hier nur provisorisch befestigen. Achten Sie darauf, daß die Füllung nicht irgendwo an die Vorderseite des Rahmens rutscht.

Wenn die Form nicht stimmt, dann nehmen Sie ein paar Stifte heraus und spannen den Stoff noch einmal, indem Sie immer zu den Kanten und Ecken hin glätten. Die Ecken behandeln Sie wie in der Illustration gegenüber gezeigt. Zuletzt schlagen Sie die Polsternägel an allen vier Seiten ein.

Füllung eines herausnehmbaren Polsters

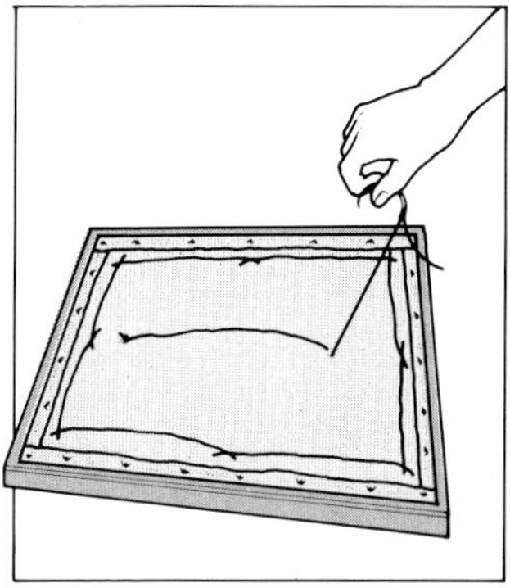

1 *Richtige Lage und Höhe von Lasierstichen.*

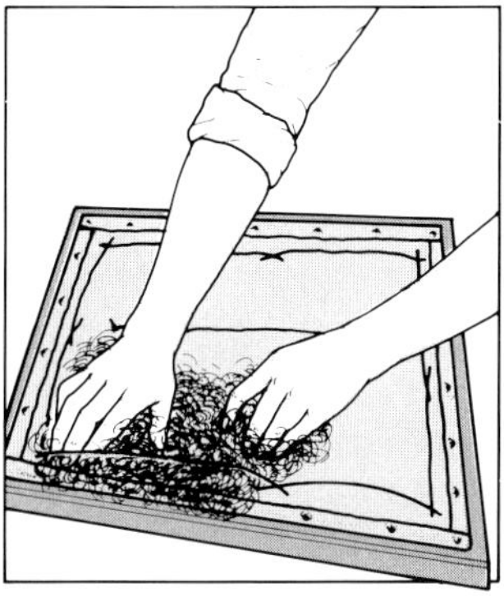

2 *Roßhaar für Füllung ohne Klumpen und Löcher.*

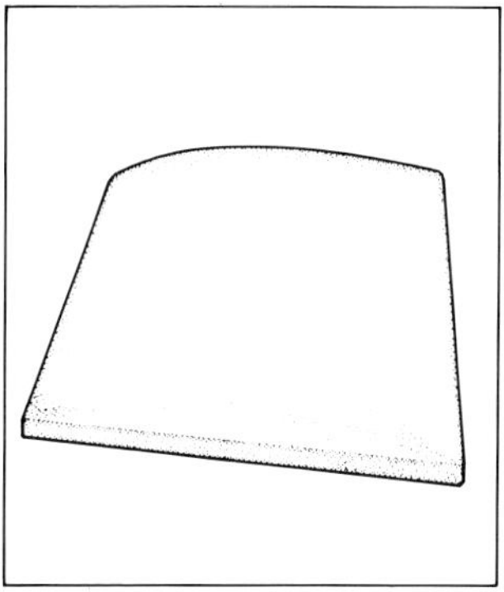

3 *Den Nessel immer wieder in die richtige Form spannen.*

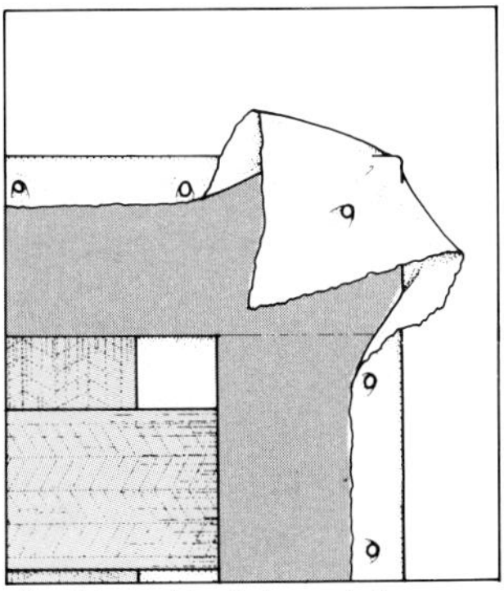

4 *Nessel in Ecken ziehen, mit Bortenstift befestigen.*

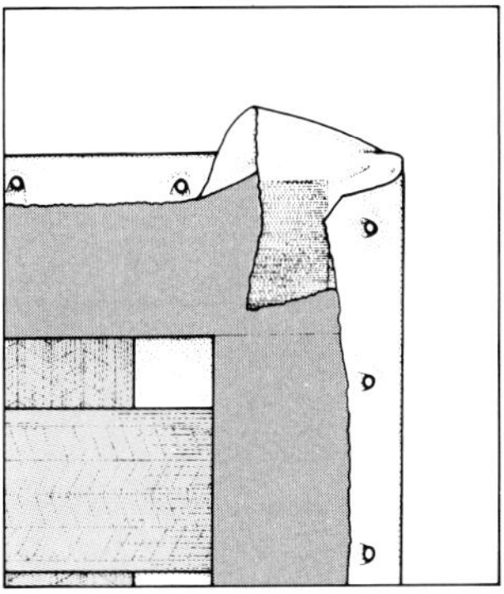

5 *Erste Seite falten, festnageln, Überstand abschneiden.*

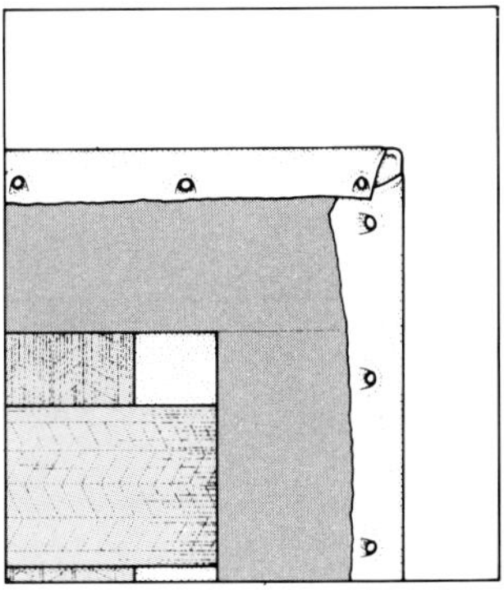

6 *Die zweite Seite über die erste ziehen und festnageln.*

Oberflächenwattierung

Bei einer Füllung mit Roßhaar ist eine Oberflächenwattierung unbedingt erforderlich; man bringt sie über dem Nessel an, damit die Füllung sich nicht durch den Bezug herausarbeiten kann. Außerdem wird der Oberflächenbezug dadurch weicher. Schneiden Sie Polsterwatte so zu, daß der Sitz damit gut bedeckt ist, legen Sie das Stück auf den Nessel, und reißen Sie bis zur Oberseite der Stuhlleiste alles weg; wenn Sie die Polsterwatte nämlich schneiden, dann entsteht direkt unter dem Bezug leicht ein harter Rand. Achten Sie darauf, daß die Watte nicht die vorderen Ränder des Einlegerahmens bedeckt, sonst paßt der Einlegerahmen vielleicht nicht mehr in den Stuhlrahmen.

Bezug und Staubboden

Hat der für den Bezug gewählte Stoff ein Muster, dann vergessen Sie nicht, daß Sie ihn zentrieren müssen. Befestigen Sie den Bezug mit 10-mm-Feinnägeln an der Unterseite des Rahmens. Teilen Sie die Nägel ebenso ein wie für die Nesselbespannung, und befestigen Sie die Nägel auch hier zuerst nur provisorisch, damit Sie den Sitz immer wieder anpassen können. An den Ecken falten Sie den Stoff so, daß am vorderen und am hinteren Rand Falten entstehen.

Obwohl der Rahmen dieses Sitzes nicht tadellos war (links), *soll die Polsterung* (rechts) *doch viele Jahre lang halten.*

Befestigung des Bezugs

1 *Überstehende Polsterwatte wegreißen.*

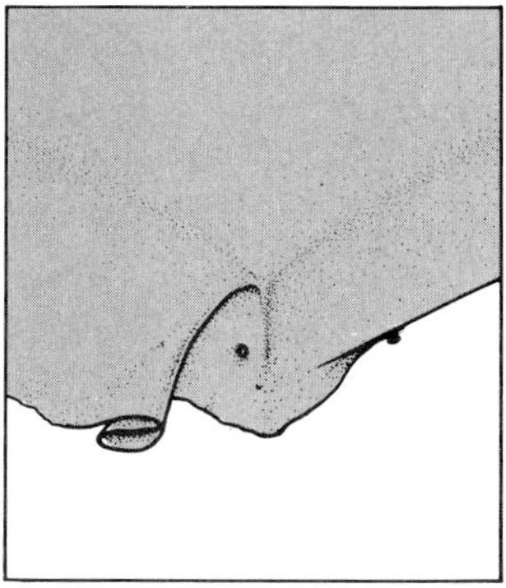

2 *Stoff zum hinteren Rand ziehen und festnageln.*

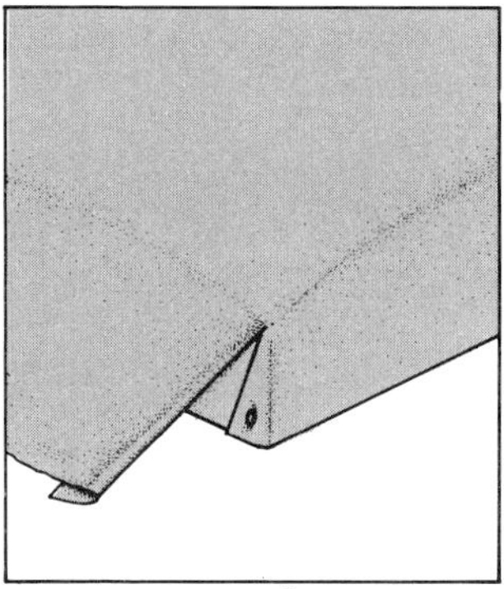

3 *Stoff falten, Überstand wegschneiden, festnageln.*

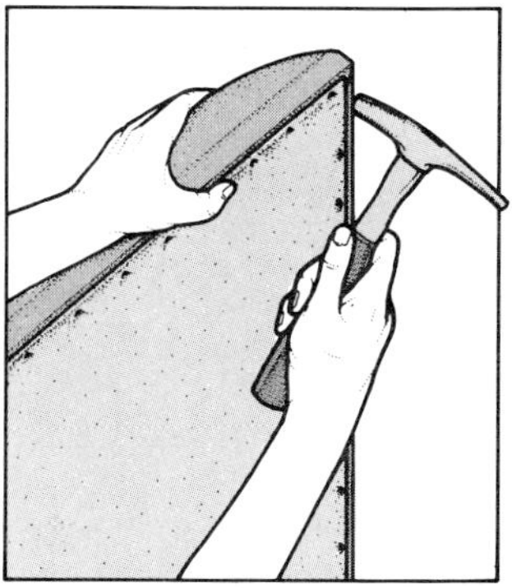

4 *Rand des Staubbodens unter den anderen nageln.*

An den Ecken verwenden Sie lieber Bortennägel, da diese nicht so auftragen; dann schneiden Sie den überstehenden Stoff weg.

Als letztes befestigen Sie den Zuspannstoff oder Staubboden; der Staubboden deckt auch die nichtbearbeiteten Ränder des Bezugs ab. Meist ist der Zuspannstoff schwarz; Sie können aber auch andere engmaschige Gewebe wie z. B. Vorhangfutter verwenden. Schneiden Sie ein Rechteck in der Größe des Einlegerahmens und nageln Sie provisorisch mit 10-mm-Feinnägeln, wobei Sie den Stoff immer gleich einschlagen. Der Einschlag sollte etwa 10 mm vom Rand des Rahmens sein und der Staubboden gerade so fest gespannt, daß er nicht durchhängt. Nageln Sie dicht am Einschlag, so daß der Rand flach liegt, und zwar in einem Abstand von ca. 2,5 cm. Diesmal falten Sie eine Ecke unter die andere.

Projekt 2: *Ein gepolsterter und genähter Eßzimmerstuhl*

Aufbau

Zwischen einem Stuhl mit herausnehmbarem Polster und dieser Art von Eßzimmerstuhl gibt es mehrere Unterschiede. Zunächst einmal ist hier die Polsterung nicht an einem Einlegerahmen, sondern am Stuhlrahmen selbst befestigt. Zweitens ist hier die Füllung sehr viel dicker, daher mußte ein Weg gefunden werden, um die Füllung in Form zu halten. Die Füllung des Einlegerahmens war mit Nessel abgedeckt, wodurch der Sitz seine Form erhielt; beim Eßzimmerstuhl entsteht die Form durch das die Füllung umschließende Fassonleinen, das auf den Rand des Sitzrahmens genagelt wird – aus diesem Grund muß auch der äußere Rand der Sitzleisten abgeschrägt sein. Stichreihen mit Garniergarn führen dann durch Fassonleinen und Füllung und bilden eine feste Kante, so daß der Sitz auch nach mehreren Jahren des Gebrauchs noch seine Form hält. Die hier beschriebenen Methoden des Füllens, Befestigens und Nähens sind die gebräuchlichsten, mit denen man in der traditionellen Polsterkunst eine Kante formt.

Ein weiterer Unterschied liegt darin, daß das herausnehmbare Polster nur eine Füllung hatte, der Eßzimmerstuhl aber zwei. Die Füllung über dem Federleinen nennt man auch die erste Füllung, die nächste, viel dünnere Füllung die zweite; die Füllung wird wie beim herausnehmbaren Polster mit Nessel abgedeckt.

Die meisten Stühle dieser Art haben am unteren Rand einen Abschluß durch eine Borte oder Tresse. Wählen Sie eine Borte, die in der Breite zur Stärke des Polsters paßt – sehr breite Borten oder Tressen können einen flachen Sitz drücken. Folgen Sie bei der Anbringung der Borte immer der Maserung des Sichtholzes.

Vorbereitung

Achten Sie beim Abpolstern darauf, wie die Ecken gemacht sind. Haben Sie zum Beispiel eine Falte oder zwei Falten? Notieren Sie sich die Sitzhöhe und wie der Sitz an die Rückenlehne anschließt, damit Sie später eine Richtlinie für Ihre Arbeit haben. Messen Sie auch die vordere Sitzhöhe.

Wenn Sie zwei oder mehr Stühle haben, die gleich aussehen sollen, dann bearbeiten Sie sie am besten gleichzeitig; auf diese Weise werden die Stühle schließlich auch gleich aussehen.

Bevor Sie mit dem Polstern beginnen, vergessen Sie nicht, den Rahmen, wenn nötig, neu zu leimen (siehe Seite 15).

Vom durchgesessenen zum festen Sitz. Der Sitz dieses Eßzimmerstuhls ist garniert (festgenäht), so daß er seine Form behält.

Erster Arbeitsgang

Befestigen Sie die Gurtbänder (s. S. 18/19). Verwenden Sie 340-g-Federleinen als erste Lage über den Gurtbändern. Befestigen Sie den Stoff (s. S. 18/19), nur nageln Sie ihn an den vorderen Ecken über die Vorderbeine, an den hinteren Ecken schneiden Sie so zu, daß er um die Hinterbeine herumreicht. Stechen Sie mit Lasierstichen durch (s. S. 20/21); hier sollen sie aber drei Finger hoch sein. Zwar sind Roßhaare besser, aber meist sind Pflanzenfasern akzeptabel. Lockern Sie sie auf, einfüllen (s. S. 20/21).

Schneiden Sie das Fassonleinen so zu, daß es die Füllung abdeckt und bis zur Unterseite der Sitzleisten reicht. Falten Sie das Fassonleinen, um die Mitte zu finden, und achten Sie darauf, daß der Fadenlauf gerade ist; dann nageln Sie den Stoff provisorisch an der Hinterseite fest, streichen Sie ihn dann nach vorn, und zwar so, daß sich keine Falten bilden, und befestigen Sie ihn auch hier nur provisorisch. Dann gehen Sie an den beiden Seiten genauso vor. Achten Sie darauf, daß Sie nirgends Nägel ins Sichtholz schlagen.

Füllschlingen

Markieren Sie mit einem Haarzieher oder mit Kreide die Position der Schlingen, die in etwa 10 cm Abstand von der Kante der Sitzleiste rund um den Sitz laufen sollen. Fädeln Sie Garnierfaden Nr. 2 in die Garniernadel, und stechen Sie in der hinteren linken Ecke (A) durch Fassonleinen, Füllung und Federleinen. Ziehen Sie die Nadel 12 mm durch das Federleinen und stechen dann herauf durch das Fassonleinen – die Nadel sollte 12 mm weiter vom ursprünglichen Einstich wieder herauskommen –, und machen Sie einen Schlaufknoten. Stechen Sie bei B ein und führen die Nadel dann wieder zurück nach oben. Auf diese Weise weiter, bis die Stichreihe rund um den ganzen Sitz führt. Ziehen Sie jeden Stich fest, aber nicht zu fest, dann binden Sie den Faden bei A locker ab. Schließlich machen Sie noch zwei Schlingen in der Mitte, um auch dort die Füllung zu befestigen.

Sobald die Füllschlingen in Position sind, kann man das Fassonleinen umbiegen und am abgeschrägten Rand befestigen. Entfernen Sie die provisorischen Nägel am vorderen Rand. Um eine feste Kante zu bekommen, brauchen Sie noch mehr Faser; ziehen Sie also eine Handvoll heraus, heben das Fassonleinen hoch und schieben das neue Fasermaterial **unter** das bereits vorhandene. Arbeiten Sie auf diese Weise rund um den Sitz und entfernen dabei nach und nach die provisorischen Nägel, dann falten Sie das Fassonleinen unter die Füllung (dabei erweist sich der Haarzieher als sehr nützlich) und nageln es – mit 12-mm-Feinnägeln, im Abstand von ca. 10 mm – an die abgeschrägte Kante. Wenn Sie etwa 40 mm von der Mitte aus auf jeder Seite festgenagelt haben, messen Sie die Sitzhöhe vom Boden aus. Messen Sie immer wieder;

Abdecken der ersten Füllung

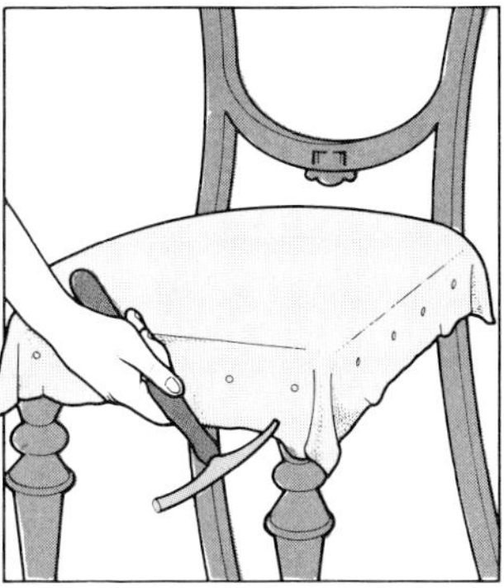

1 *Fassonleinen provisorisch festnageln.*

2 *Anlegen von Füllschlingen rund um Sitz und in Mitte.*

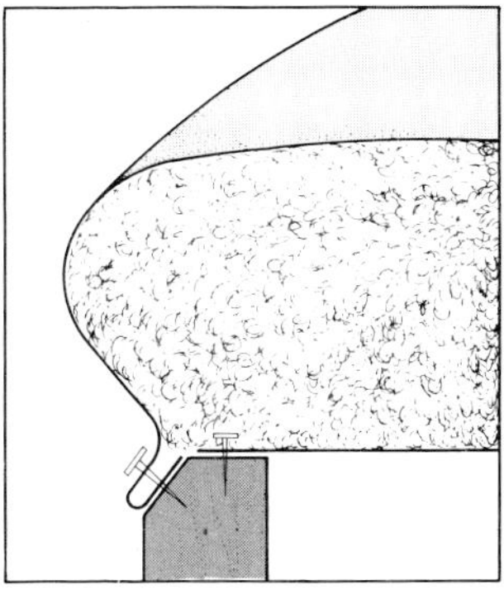

3 *Fassonleinen einschlagen und auf die Kante nageln.*

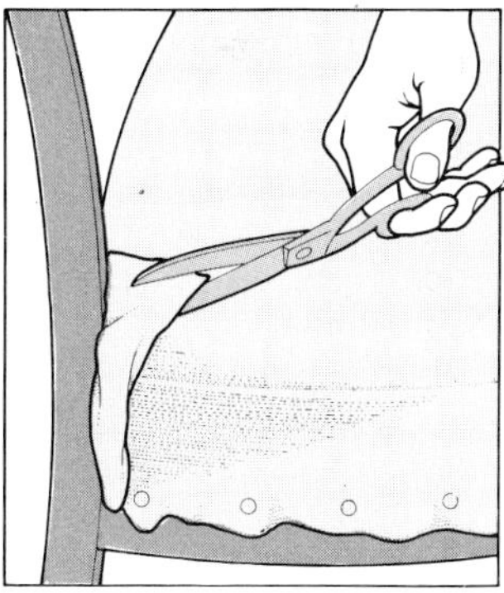

4 *15 mm vor der Ecke aufhören zu schneiden.*

wenn die Kante an einem Punkt zu hoch wird, nehmen Sie die Nägel heraus und falten mehr Fassonleinen unter die Füllung (sobald zuviel Fassonleinen da ist, schneiden Sie etwas weg). Dadurch wird die Kante niedriger. Über den Rand der Sitzleiste soll sie aber immer noch vorstehen. Folgen Sie der Form der Sitzleiste und nageln Sie zuerst vorne, dann hinten, dann die Seiten, bis auf ca. 50 mm Abstand von jeder Ecke.

An den hinteren Ecken schlagen Sie das Fassonleinen um und schneiden es ein. Dann schieben Sie den Stoff zwischen hinterem Stuhlbein und Füllung hinunter, falten ihn nach innen, schneiden den überstehenden Stoff weg und befestigen das Fassonleinen. An den vorderen Ecken falten Sie den Stoff, schneiden Überstände unten weg, dann schlagen Sie ihn um und befestigen ihn. Zuletzt schlagen Sie alle Nägel fest ein.

Anfertigung einer harten Kante (Kantenrolle)

Die gebräuchlichste Methode zur Anfertigung einer harten Kante ist das Nähen: Ein Blind- oder Senkstich zieht das Fasermaterial in die Sitzbasis, während ein Hinterstich den Rand festhält. Diese Art Stuhl hat meistens eine Reihe Blindstiche und zwei Reihen Hinter- oder Garnierstiche. Für den Blindstich fädeln Sie Garnier- oder Knopffaden in eine Garniernadel, beginnen an der linken hinteren Ecke und fahren mit der Nadel nahe am Stuhlbein und den Nägeln durch die Seite des Fassonleinens. Die Spitze sollte etwa 70 mm vom Rand entfernt an der Sitzoberseite herauskommen. Ziehen Sie die Nadel nicht heraus (das Öhr sollte bis zum Fassonleinen herauskommen). Machen Sie mit dem Öhr eine kreisförmige Bewegung und schieben Sie die Nadel hinunter, so daß sie in der

Blind- oder Senkstich

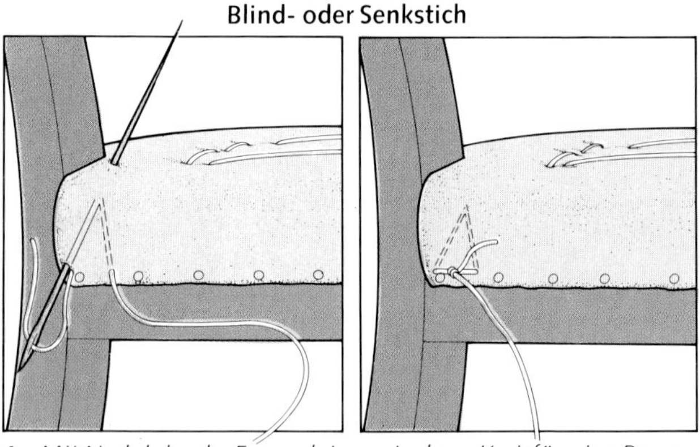

1 *Mit Nadel durchs Fassonleinen stechen. Kreisförmige Bewegung machen, Nadel hinunterführen, Schlaufknoten machen.*

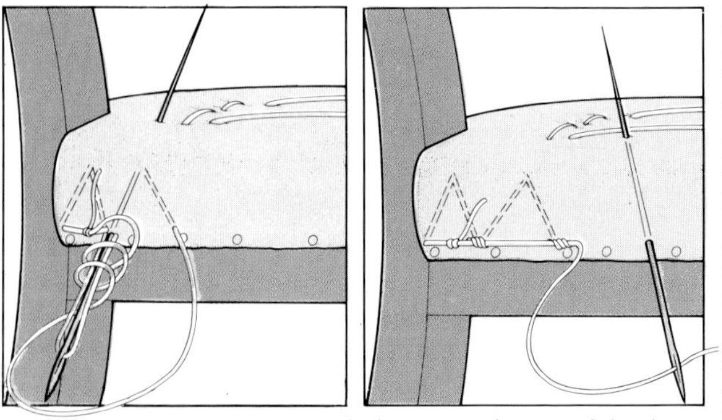

2 *Nach nächstem Stich Garn links zweimal um Nadel wikkeln, Nadel heraus-, Garn nach unten ziehen.*

Die genähte Kante gibt dem fertigen Sitz seine Form.

Nähe des ursprünglichen Einstichs wieder herauskommt. Ziehen Sie die Nadel heraus und machen Sie einen Schlaufknoten. Ziehen Sie den Faden vorsichtig fest. Stechen Sie etwa 20 mm vom Schlaufknoten entfernt wieder ein und machen Sie wieder so einen Stich, ziehen die Nadel diesmal aber nicht heraus. Wickeln Sie das Garn zweimal um die Nadel, ziehen Sie die Nadel heraus und das Garn nach unten. Arbeiten Sie auf diese Weise rund um den Sitz, dann genauso wieder zurück.

Schieben Sie das Fasermaterial mit dem Haarzieher in den Rand des Sitzes, und schieben Sie auch während der weiteren Näharbeit rund um den Sitz immer wieder die Faser zurecht. Die Stiche müssen gleichmäßig auf der Höhe des Sitzes verteilt sein und ca. 12 mm Abstand voneinander haben. Führen Sie die Nadel ein (das Öhr ist unten), und stechen Sie nach oben, und zwar so, daß Sie auf der Oberfläche etwas innerhalb des Randes herauskommen. Ziehen Sie die Nadel aus der Fassonleinwand und stechen Sie dann beim hinteren Stuhlbein wieder hinein. Ziehen Sie die Nadel ganz durch und machen Sie einen Schlaufknoten. Dann stechen Sie ca. 20 mm vom ersten Stich entfernt wieder hinein, wickeln das Garn zweimal um die Nadel, ziehen die Nadel heraus und den Stich fest. Arbeiten Sie auf diese Weise rund um den Sitz, dann an der hinteren Kante. Fädeln Sie alle losen Garnenden in den Sitz, ziehen Sie dann die Füllschlingen fest zusammen und binden sie ab.

Die zweite Füllung sollte dann eine eher dünne Roßhaarschicht sein (einfüllen s. S. 20/21). Wenn Sie damit fertig sind, soll die Oberfläche des Stuhls federn und die Mitte des Sitzes sich leicht nach oben wölben.

Nessel und Wattierung (Polsterwatte)

Schneiden Sie ein rechteckiges Stück Nessel aus, so daß es den Sitz an seiner breitesten Stelle bedeckt und bis zur Unterseite der Sitzleiste reicht. Falten Sie den Stoff so, daß Sie die Mitte markieren können; das Gewebe muß genau rechtwinklig auf dem Sitz liegen. Stecken Sie die hintere Seite provisorisch mit 10-mm-Nägeln fest; streichen Sie den Nessel glättend nach vorn. Dasselbe zu den Seiten hin. Der Nessel soll ziemlich fest sein und bis zur Mitte der Sesselleiste festgesteckt werden, bis auf 50 mm Abstand von jeder Ecke. Fertigen Sie die hinteren Ecken (s. unten). Schieben Sie mit dem flachen Ende des Haarziehers den Nessel zwischen der Füllung und dem Stuhlbein zurecht. Wenn der Nessel beim Stuhlbein Falten schlägt, ihn hoch heben und Schnitt etwas vergrößern.

Befestigung der hinteren Ecken

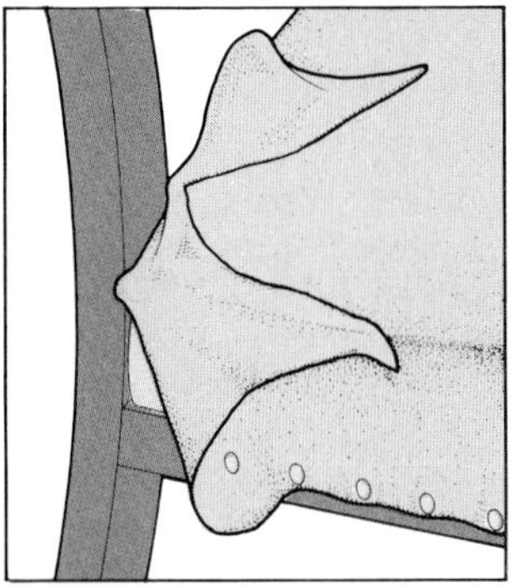

1 *Nessel bis 6 mm Abstand vom Stuhlbein aufschneiden.*

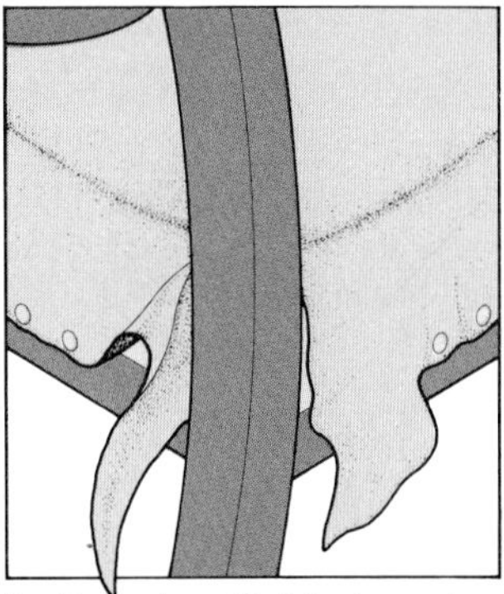

2 *Zwischen Stuhlbein und Füllung schieben.*

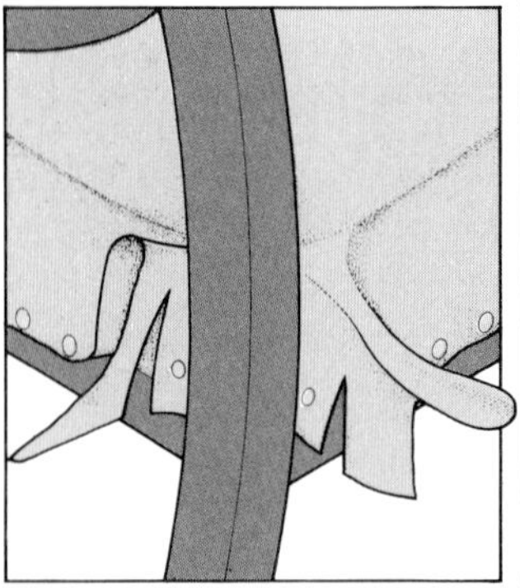

3 *Fest auf Kante nageln, am Nagel schneiden.*

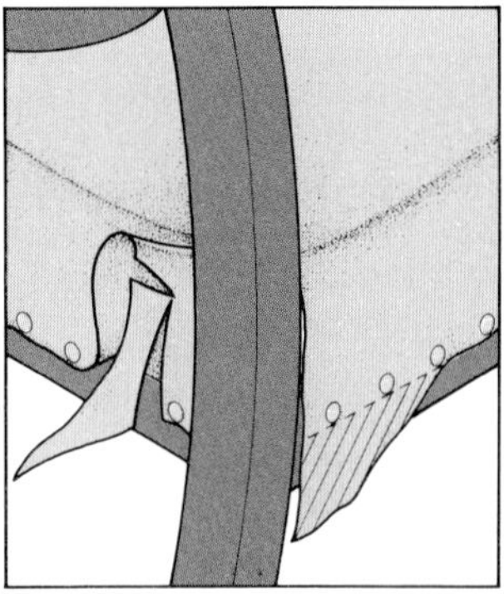

4 *Zum Stuhlbein hin falten, Überstand wegschneiden.*

Suchen Sie die Mitte zwischen den vorderen Ecken und befestigen Sie den Stoff mit einem Bortenstift. Schlagen Sie einen Nagel ein. Schlagen Sie je einen Stift links und rechts von den Ecken ein, streichen Sie den Nessel glatt und falten Sie ihn nach innen. Mit dem flachen Ende des Haarziehers machen Sie eine glatte Faltenlinie. Schieben Sie den Nessel zurecht, schlagen alle Nägel fest und schneiden den Überstand weg.

Schneiden Sie ein Stück Oberflächenwattierung so zu, daß es über den Sitz paßt und auch noch die Nägel bedeckt, dann entfernen Sie den Überstand durch Wegzupfen (s.S. 22/23). Schneiden Sie die Polsterwatte rund um die Stuhlbeine ein und schieben sie zwischen Stuhlbein und Sitz.

Bezug und Staubboden

Messen Sie den Bezug genauso ab wie den Nessel, bedenken Sie aber, daß ein gemusterter Stoff zentriert sein muß. Der Bezug muß bis zum Sichtholz reichen, achten Sie also darauf; Borte oder Litzen müssen die Polsternägel bedecken. Schlagen Sie 10 mm feine Polsternägel zuerst hinten nur provisorisch ein, streichen Sie den Stoff nach vorne glatt; wiederholen Sie diese Arbeit zu den Seiten hin; achten Sie darauf, daß der Bezug fadengerade und gespannt bleibt. Befestigen Sie die Ecken so wie beim Nessel; die Nägel dürfen nicht sichtbar sein, sobald Sie die Borte befestigen. Wenn alles richtig sitzt, hämmern Sie die Polsternägel fest, ohne das Sichtholz zu beschädigen. Überschüssigen Stoff mit einem scharfen Messer oder einer Schere wegschneiden.

Eigentlich sollte man Borten mit passenden Bortenstiften befestigen; aber Kleben mit Latex ist einfacher. Verwenden Sie nicht zuviel Kleber, sonst läuft er durch die Borte durch und verfärbt sie. Folgen Sie dem Sichtholz und dehnen Sie die Borte nicht. Die Ecken sollen gut aneinanderpassen. Dann bringen Sie den Staubboden an (s. S. 22/23).

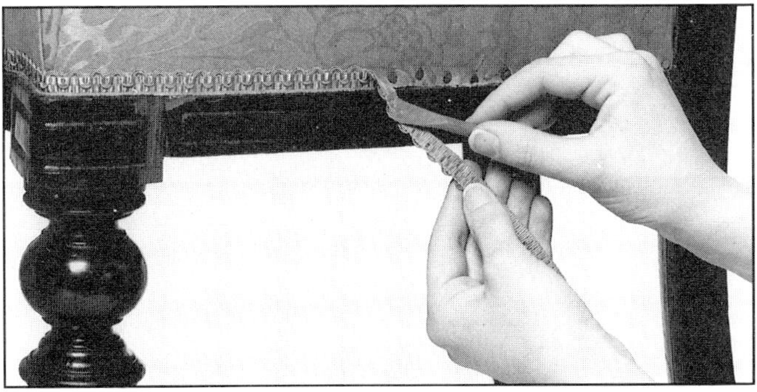

Wenn Sie vorsichtig arbeiten, ist es einfacher, die Borten anzukleben, als mit Bortenstiften zu befestigen.

Projekt 3: *Ein Ohrenlehnstuhl mit gefedertem Sitz, Rückenlehne und gerollten Armstützen*

Grundaufbau

Der größte Unterschied zwischen diesem Projekt und den vorhergegangenen liegt darin, daß hier die einzelnen Teile so gepolstert werden müssen, daß sie ohne Spalt aufeinanderstoßen. Derartige Spalte sehen scheußlich aus, und das Einschieben zusätzlicher Polsterwatte nach einer teilweisen Aufarbeitung des Bezugs macht alles nur noch schlimmer. Ganz wesentlich sind hier die Stütz- oder Füllungsleisten – ihre Position gibt die Höhe der Sitzfläche an.

Der renovierungsbedürftigste Teil ist meist die Sitzfläche. Hier wird der Stoff am schnellsten abgenützt, er zerfällt und reißt an den Nägeln aus, und auch das Federleinen wird manchmal brüchig, so daß die Füllung in die Sprungfedern hinunterfällt. Auch die Armlehnen verlieren leicht ihre Elastizität und bekommen dort, wo der Ellbogen aufliegt, eine Delle. Die Rückenlehne hält meist am längsten. Es ist oft gar nicht nötig, einen Lehnstuhl ganz abzupolstern; aber auch wenn Rückenlehne und Ohren noch verwendbar sind, müssen sicher Sitz und Armlehnen bis auf den Rahmen abgepolstert werden.

Wenn Sie nicht sicher sind, wie lange die alte Polsterung noch hält, dann bedenken Sie, daß der Bezugstoff das teuerste am ganzen Projekt ist – von Ihrer Zeit abgesehen –, und daß es auf lange Sicht besser ist, von vorn zu beginnen, als sich auf das Risiko einzulassen, daß der Sessel vielleicht nach zwei Jahren zusammenbricht.

Vorbereitung

Fertigen Sie während des Abpolsterns Skizzen an und machen Sie sich Notizen über die Fertigung Ihres Werkstücks. Hat es Litzen oder Zierborten? Wenn ja, wo und wie sind sie fixiert? Sie müssen das Original nicht unbedingt genau reproduzieren, aber es wird Ihnen als Richtlinie von Nutzen sein.

Es ist meist einfacher, Sitzfläche und Rücken zuerst mit Gurtbändern, Sprungfedern und Federleinen zu versehen, als mit der Füllung des Stuhls zu beginnen. Machen Sie zuerst die erste Füllung des ganzen Lehnstuhls, dann die zweite Füllung samt Nesselbezug (Musselin) für den ganzen Stuhl, und schließlich Wattierung und Bezug. Wenn ein Möbelstück zwei gleiche Teile hat, wie z. B. Armlehnen oder Ohren, wie der hier abgebildete, dann führen Sie am besten jeden Arbeitsvorgang an beiden Stükken gleichzeitig durch; sie werden dann besser zusammenpassen.

Der Sitz ist herausgefallen (links außen), *auch der Rahmen mußte gründlich restauriert werden; es konnte nichts mehr verwendet werden. Die meisten Lehnstühle sehen nach der Restaurierung ganz verändert aus* (oben).

Der gefederte Sitz

Bei ungefederten Sitzen befestigt man die Gurtbänder an der Oberfläche des Stuhlrahmens; bei gefederten dagegen fast immer an der Unterseite. Zur Befestigung der Gurtbänder s. S. 18/19. Nehmen Sie verstärkte 15 mm-Nägel, und achten Sie darauf, daß Sie die Gurtbänder in der Mitte der Stützleiste annageln; wenn Sie zu nahe an den äußeren Rand des Rahmens kommen, zeigen sich später unter dem Bezug häßliche Höcker.

Sehen Sie in Ihren Abpolsternotizen nach, wie tief Rücken- und Armlehnen waren. Es hat keinen Sinn, Federn zu nahe an der hinteren Leiste zu befestigen, wenn sie später von der Rückenfüllung verdeckt, oder zu nahe an den Seiten, wenn sich die Füllung der Armstützen darüberwölbt.

Wie hoch die Sprungfedern sein sollen, entnehmen Sie erstens der Höhe der alten Sprungfedern, und zweitens messen Sie den Abstand von den Gurtbändern hinauf zur Stützleiste. Die Höhe sollte in beiden Fällen ungefähr gleich sein; wenn nicht, finden Sie einen Mittelweg. Meistens sind Federn vom Drahtdurchmesser 10 in etwa passend, wenn die Federn aber sehr hoch sind, dann nehmen Sie besser Drahtdurchmesser 9. Wahrscheinlich hat der Lehnstuhl in der vorderen und in der mittleren Reihe vier Federn, in der hinteren vielleicht weniger. Verteilen Sie die Federn gleichmäßig und plazieren Sie sie so, daß der Knoten am oberen Ende der Federn nach innen sieht (wenn der Knoten nach außen sieht, schneidet er durch das Federleinen). Zeichnen Sie mit Kreide einen Kreis um die Federn, dann nehmen Sie alle wieder weg und lassen nur die Feder in der hinteren linken Ecke stehen. Fädeln Sie schweres Garniergarn in die Aufnähnadel und nähen Sie die Feder an drei Stellen an den Gurtbändern fest, beginnend mit einem Schlaufknoten. Nähen Sie die weiteren Federn der Reihe nach an den bezeichneten Stellen fest, achten Sie darauf, daß der Schlaufknoten zur Stuhlmitte zeigt.

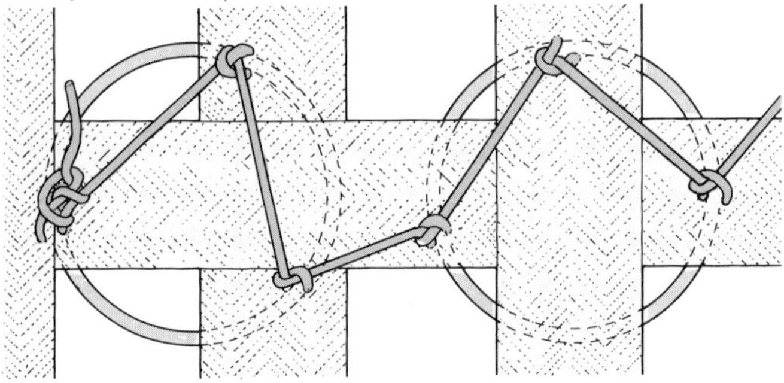

Befestigen Sie jede Sprungfeder an drei Stellen an den Gurtbändern, beginnend mit einem Schlaufknoten.

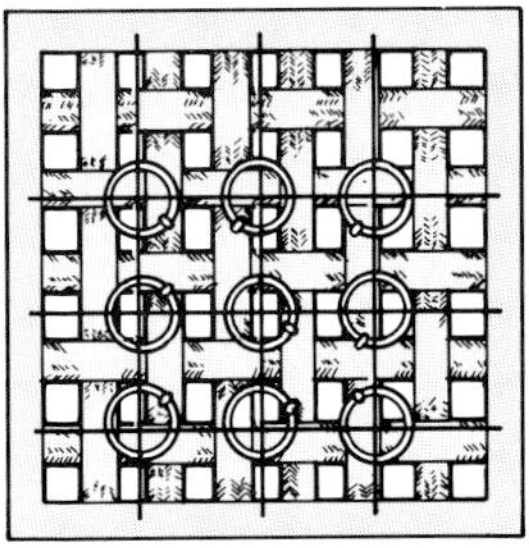

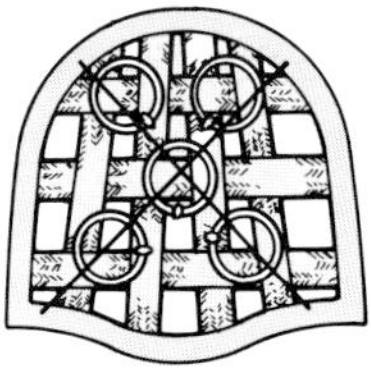

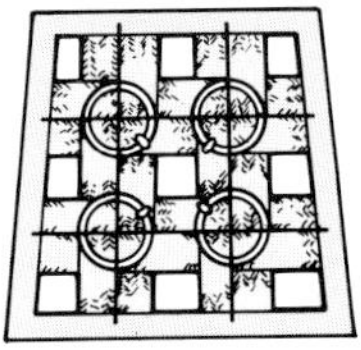

Die Stellung der Federn ist von Stuhl zu Stuhl anders, aber sie sollen immer gleichmäßig über die Sitzfläche verteilt sein. Die meisten Menschen sitzen nicht immer ruhig auf ihrem Stuhl, sondern rutschen herum.

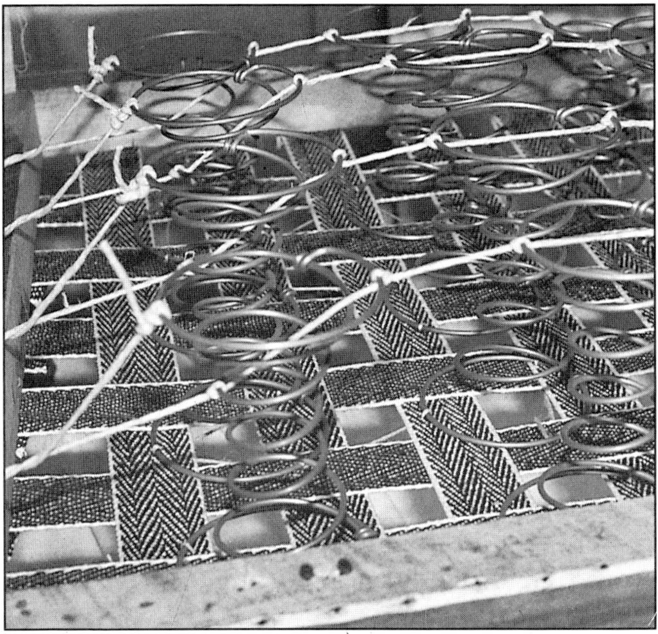

Hinten und an den Seiten Reihe frei lassen, sonst würden Arm- und Rückenlehnen über die Federn vorstehen. Festgenähte Federn schnüren, um sie an ihrem Platz zu halten.

Federn schnüren

Sobald Sie alle Federn an den Gurtbändern befestigt haben, müssen Sie sie mit Schnürfäden zusammenbinden. Zunächst nageln Sie paarweise verstärkte 15-mm-Polsternägel gegenüber jeder Federreihe an die Oberseite des Stuhlrahmens und lassen dabei zwischen dem Rahmen und dem Polsternagelkopf genügend Platz für den Schnürfaden. Die zusammengebundenen Federn sind dann auch noch vertikal, aber um 2–2,5 cm niedriger. Lassen Sie zusätzlich 30 cm am Ende des Schnürfadens, wickeln ihn an einem Ende rund um die Nägel und schlagen diese fest. Zu beiden Seiten jeder Sprungfeder bringen Sie zwei Halbstiche an. Sobald Sie den anderen Rand des Rahmens erreicht haben, ziehen Sie den Schnürfaden fest um die Polsternägel und schlagen sie fest. Schneiden Sie den

Federn schnüren

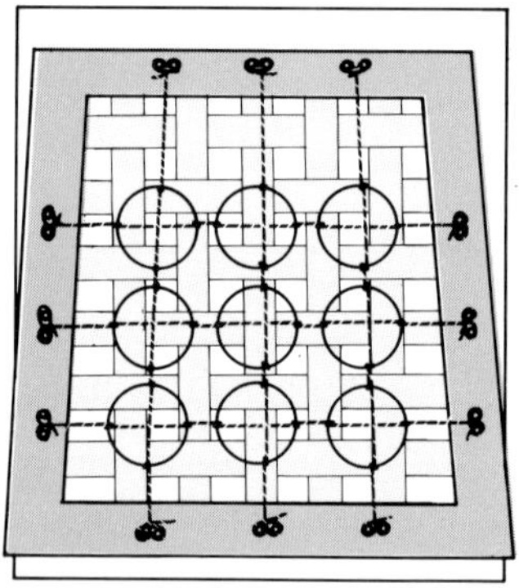

1 *Polsternägel paarweise zu beiden Seiten einschlagen.*

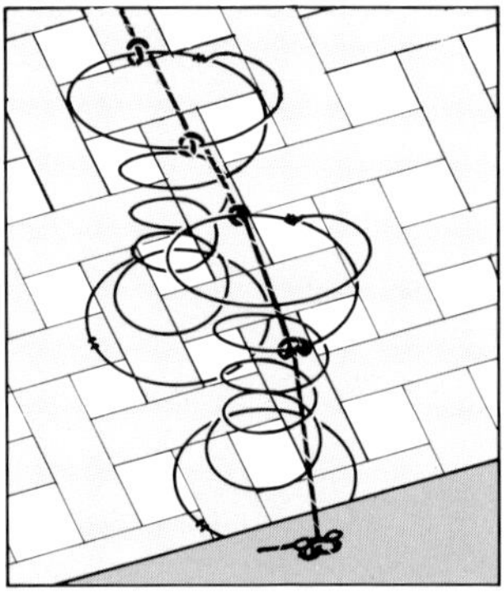

2 *Schnürfaden an einem Ende um Nägel wickeln.*

3 *Zu beiden Seiten jeder Feder Halbstich anbringen.*

4 *Lose Enden an erster und letzter Feder festmachen.*

Den Rand entlang mit Lasierstichen durchstechen, ebenso über der Sitzmitte in Form eines eckigen S.

Faden ca. 30 cm hinter den Nägeln ab und wickeln beide Enden zurück zu den äußeren Federn. Diesen Vorgang wiederholen Sie quer über jede Federreihe von Seite zu Seite und von hinten nach vorne. Wenn Sie fertig sind, sollten alle Federn gerade sein, aber etwa 2 cm niedriger als vorher. Falls eine Feder schief ist, müssen Sie sie noch einmal schnüren.

Die erste Füllung

Decken Sie die Federn mit 340-g-Federleinen ab (s. S. 18/19). Messen Sie die Breite über den Federn an der breitesten Stelle und schneiden Sie auch etwas Zugabe dazu. Das Federleinen soll fest sein, darf die Federn aber nicht herunterziehen. Schneiden Sie das Federleinen so zu, daß es um die hinteren Stuhlbeine paßt (Beschreibung auf S. 26). Bei den vorderen Ecken schlagen Sie den Stoff von vorn nach hinten ein und machen einen Y-Schnitt (s. S. 39), und zwar auf gleicher Höhe mit dem oberen Außenrand der vorderen Stützleiste. Sobald das Federleinen aufliegt, nähen Sie die Federn in der gleichen Weise an wie an den Gurtbändern.

Rund um den äußeren Sitzrand machen Sie eine Reihe von Lasierstichen (siehe S. 20/21); in der Mitte bilden Sie mit den Lasierstichen ein S. Die Stiche sollten alle etwa drei Finger hoch sein. Nehmen Sie Pflanzenfaser für die Füllung, zerzupfen Sie sie, und schieben Sie das Material dann unter die Lasierstiche (s. S. 20/21). Schieben Sie mehr um den äußeren Rand und über die Federn in der Mitte so viel, daß sie ein dünnes Kissen bilden. Dann drücken Sie auf die Füllung: wenn Sie die Federn noch spüren, fügen Sie noch mehr verzupftes Fasermaterial dazu, aber behalten Sie die endgültige Sitzhöhe im Auge, und machen Sie diese erste Füllung nicht allzu hoch.

Vernähen des Sitzes

Decken Sie die Faserbündel mit Fassonleinen ab und befestigen Sie dieses mit Füllschlingen (s. S. 26/27). Stechen Sie mit der Nadel nur durch das Federleinen, damit das Garn nicht durch die Gurtbänder dringt. Wenn Sie das Garn zu weit in den Federraum hinunterziehen, verwickelt es sich mit den Federn und Schnürfäden. Das Fassonleinen soll (s. S. 26/27) befestigt werden. Bei den vorderen Ecken falten Sie das Fassonleinen ebenso wie vorher das Federleinen und machen einen Y-Schnitt. Dann muß das Fassonleinen rund um das vordere Stuhlbein passen. Hinten und an den Seiten nageln Sie das Fassonleinen an die Oberseite der Leiste.

An der Vorderseite des Sitzes müssen Sie eine garnierte Polsterkante (Kantenrolle) machen; wie viele Stichreihen Sie dafür benötigen, hängt davon ab, wie hoch der Sitz vorn ist, aber meist braucht man für diese Art von Sitz zwei Reihen Blind- oder Senkstiche und zwei Reihen Hinterstiche. Die obere Rolle soll ziemlich rund sein, wenn Sie nicht eine wirklich scharfe Kante wollen. (Blindstiche s. S. 28/29.) Wenn Sie fertig sind, ziehen Sie die Füllschlingen etwas an und machen einen Knoten.

Die zweite Füllung

Machen Sie rund um den Sitzrand und in der Mitte Lasierstiche, so wie für die erste Füllung. Die zweite Füllung sollte aus Roßhaar bestehen, verzupft und unter die Lasierstiche gesteckt (s. S. 20/21). Wenn der Sitz leicht gewölbt ist, geben Sie in die Mitte etwas mehr Haar und lassen es nach außen hin verlaufen. Messen Sie die breiteste Stelle des Sitzes und bis zur Hälfte des Abstands zum vorderen Rand der Sitzleiste, und schneiden Sie den Nessel nach diesen Maßen zu. Passen Sie den Nessel an (s. S. 30/31). Nageln Sie den Stoff hinten und vorne fest, bevor Sie an den vorderen Enden einen Y-Schnitt machen, denn wenn Sie den Nessel einmal geschnitten haben, können Sie ihn nicht mehr verschieben. (Schnitte, um den Nessel den hinteren Stuhlbeinen anzupassen, s. S. 30/31). Hinten und an den Seiten (unter den Armlehnen) nageln Sie den Nessel an der Oberseite der Leisten (so wie beim Fassonleinen) fest. Für Lehnstühle eignet sich Flachswatte besser zum Wattieren als Polsterwatte, die Oberfläche fühlt sich dann viel weicher an. Schneiden Sie den Flachsfilz in Sitzgröße zu, so daß er auch den Nessel vorn bedeckt, und schieben Sie ihn unter die Rücken- und Armlehnen. Vorsicht beim Umgang mit diesem Filz, denn er löst sich leicht auf. Legen Sie ihn auf den Nessel, drücken den Sitz hinunter und schieben ihn unter Rücken und Arme. Wenn sich der Filz verklumpt, nimmt man ihn am besten ab und beginnt von vorne.

Der Bezug

Schneiden Sie aus dem Bezugsstoff ein Rechteck aus – und denken Sie daran, daß ein gemusterter Stoff eine Mitte braucht. Hinten und an den Seiten muß der Bezug ebenso wie der Nessel an die Oberseite der Leisten geschlagen werden, nehmen Sie also entsprechend Maß und geben noch etwa 5 cm Zugabe dazu. Wenn die vordere Seite kein Sichtholz hat, dann muß der Bezug bis unter die vordere Sitzleiste reichen und an der Unterseite des Stuhls befestigt werden, d. h. daß Sie auf dieser Seite weitere 5 cm dazugeben müssen. Befestigen Sie den Bezug wie auf den Seiten 30/31 beschrieben. Bei den vorderen Stuhlbeinen schlagen Sie einen Stift in die Ecke zwischen Stuhlbein und Leiste, dann schneiden Sie den Bezug bis hinauf zum Stift. Schneiden Sie den überschüssigen Stoff weg und schlagen ihn ein, dann falten Sie ihn und nageln ihn auf die Unterseite des Stuhls und quer über die Oberseite des Stuhlbeins. Schlagen Sie die Nägel an den Seiten fest, falten den Bezugsstoff nach innen und befestigen ihn mit feinen 12-mm-Nägeln. Schließlich schneiden Sie den überschüssigen Stoff weg.

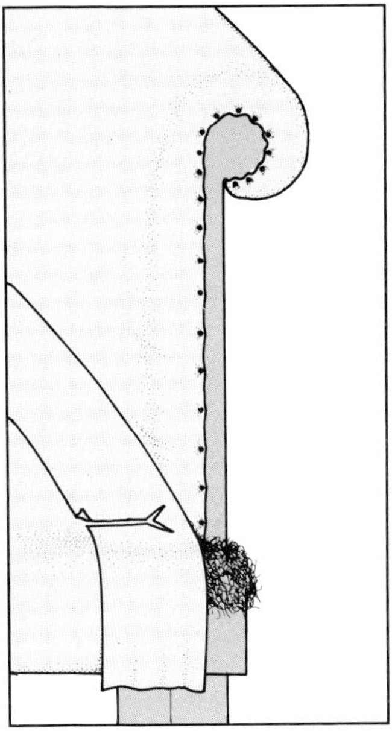

1 *In Fassonleinen und Nessel Y-Schnitte schneiden, damit Stoff rund um Leisten paßt.*

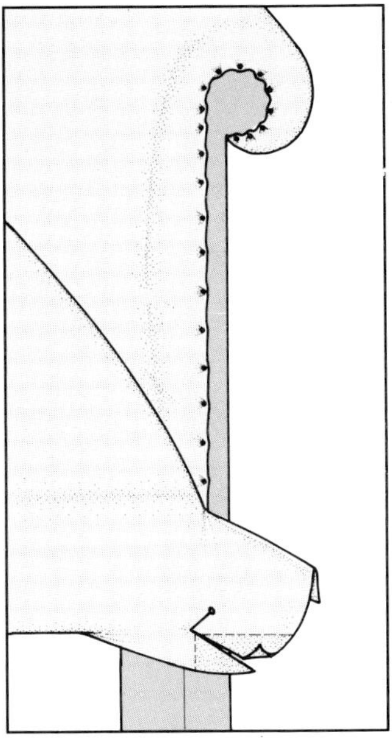

2 *Polsterstift zwischen Stuhlbein und Leiste schlagen; Bezug bis zum Stift schneiden.*

Gerollte Armstützen

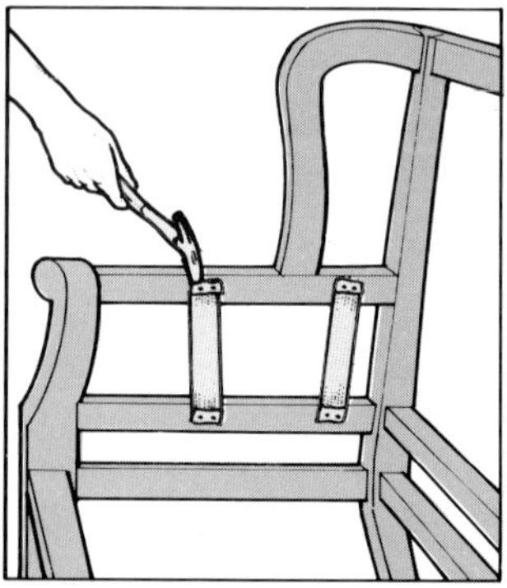

1 *Nahe Rückseite Gurtbänder einschlagen.*

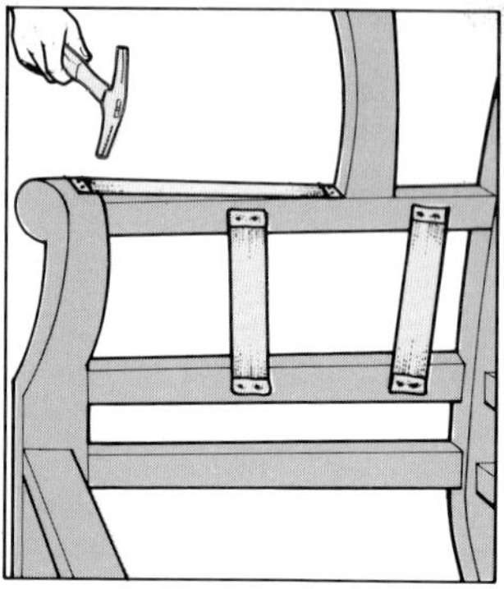

2 *Von Ohrenstütze bis Vorderseite Band anschlagen.*

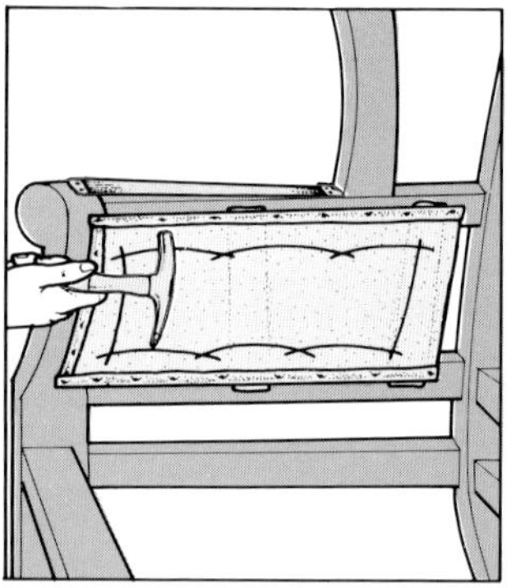

3 *Gurtbänder abdecken, Lasierstiche anbringen.*

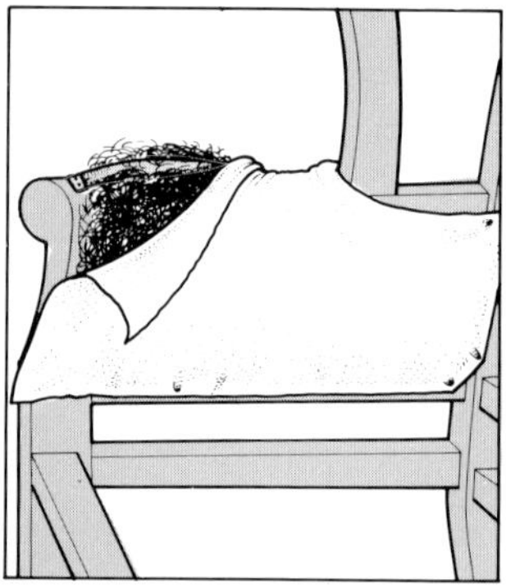

4 *Faserbündel unterschieben, Fassonleinen anbringen.*

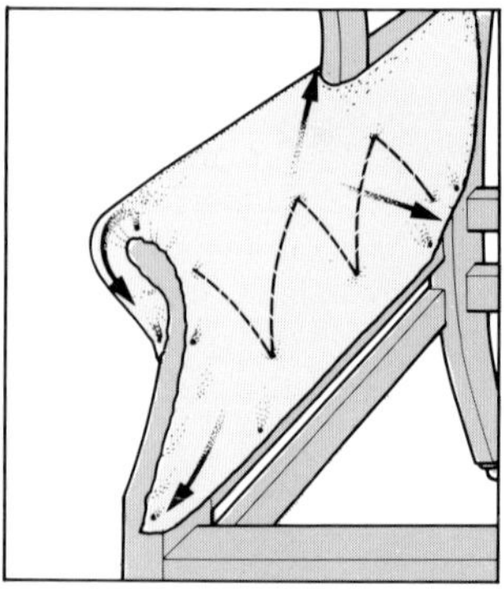

5 *So spannen, daß zigarrenförmige Gestalt entsteht.*

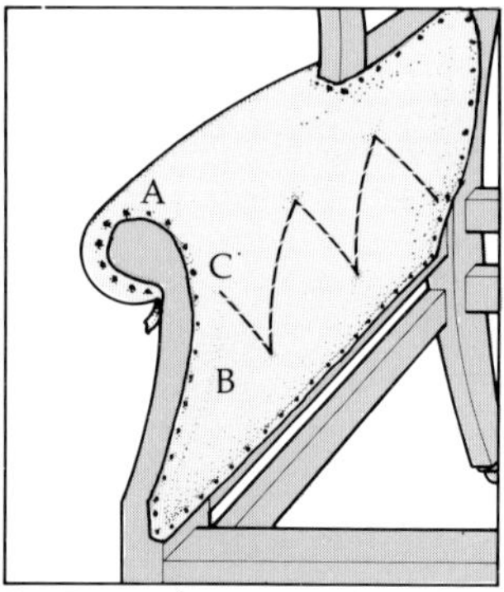

6 *Fassonleinen rund um die Rolle festnageln und glätten.*

Gerollte Armlehnen

Falten Sie ein Gurtband der Breite nach in die Hälfte und befestigen Sie es an der Innenseite der Armlehne (s. S. 18/19), in einem Abstand von ca. 5 cm vom hinteren Stuhlbein. Nageln Sie ein Gurtband in voller Breite etwa die halbe Armlehne entlang. Beide müssen nur etwa handfest sein. Befestigen Sie ein rechteckiges Stück 340 g Federleinen über die Oberseite der Armlehne an der Stützleiste (s. S. 18/19), ebenso vom vorderen zum hinteren Stuhlbein. An der Rückseite schneiden Sie es oben und unten ein, so daß es sich um den hinteren Gurtbandstreifen falten läßt.

Machen Sie rund um das Federleinen in etwa 7,5 cm Abstand vom Rand Lasierstiche. Nageln Sie ein Stück Gurtband an die Oberseite der Armlehne beim Ohr. Spannen Sie es mit der Hand über die Oberseite des vorderen Stuhlbeins und nageln Sie es oben fest. Bereiten Sie die erste Füllung vor (s. S. 26/27). Schieben Sie möglichst viel Fasermaterial unter das Gurtband über der Armlehne, dann füllen Sie die Lasierstiche. Schneiden Sie ein rechteckiges Stück Fassonleinen in passender Größe, so daß es von der Außenseite der Stützleiste unter die Leiste, über die Füllung und herum zur Außenseite der Armlehne reicht, ebenso vom hinteren Stuhlbein über die Füllung zur Vorderseite des vorderen Stuhlbeins, und geben Sie auf allen Seiten 5 cm Nahtzugabe bei. Befestigen Sie den Stoff provisorisch an der Außenseite der Stützleiste, an der Unterseite der Armleiste und in der Mitte der Vorderseite. Entfernen Sie, wenn nötig, die provisorischen Nägel, und spannen Sie den Stoff. Schlagen Sie noch einmal provisorisch Nägel entlang der Außenseite der Stützleiste und unter der Armleiste ein, auch zwei oder drei Nägel an der Vorderseite.

Jetzt stechen Sie im Zickzack Füllschlingen in den Armteil. Fassonleinen unter die Faser (s. S. 26/27) falten, an die abgeschrägte Kante nageln. Oberseite der Rolle (die Rolle ist der Bogen an der Oberseite der Vorderansicht) zuerst bearbeiten (A), etwa bis zur Hälfte des vorderen Randes (B) zurückgehen und Raum dazwischen füllen (C). Darauf achten, daß vorn keine Falten entstehen; das Fassonleinen soll ganz glatt sein, aber über die Vorderseite vorstehen. Um den unteren Armteil fertig zu machen, noch mehr Füllung hineingeben, das Fassonleinen unter die Faser schieben. Fassonleinen tief an der Außenseite der Armleiste bis hinauf zur Ohrenleiste befestigen. Schneiden Sie das überstehende Fassonleinen weg, schieben es darunter und nageln es fest. Machen Sie die übrige Rolle fertig, und schlagen Sie alle Polsternägel fest.

Um das Fassonleinen rund um die Ohrenleiste zu passen, schlagen Sie es nach innen und machen zur Ohrenleiste hin einen langen Y-Schnitt nach innen. So falten, daß es um die Leiste paßt, und geben Sie, wenn nötig, noch mehr Fasermaterial zu. Machen Sie Y-Schnitte, so daß das Fassonleinen durch und unter den Arm paßt, und falten Sie diese »Zunge« rund um die Gurtbänder.

Festnähen der Rolle

Als nächstes wird die Armrolle richtig gefüllt und genäht. Rücken Sie mit dem Haarzieher die Fiber im Rollenrand so zurecht, daß es nach dem Nähen fest hält. Arbeiten Sie mit Blindstich (s. S. 28/29) rund um die Vorderseite der Armlehne. Die Blindstichreihe muß aber nicht ganz bis zum Rollenpunkt führen, denn hier ist ja nur mehr wenig Fibermaterial. Machen Sie eine Reihe Hinterstiche rund um die Rolle, und lassen Sie die Reihe so auslaufen, daß sie am Punkt endet (oder beginnt). Schieben Sie bei jedem Stich die Füllung im Rand zurecht, und denken Sie daran, daß die Rolle nach vollendeter Arbeit etwas vorstehen sollte. Entfernen Sie die provisorischen Nägel auf der Stützleiste, und geben Sie noch mehr Füllung dazu, so daß die Unterseite der Armlehne fest auf der Sitzoberfläche aufsitzt. Schieben Sie das Fassonleinen auf die übliche Art unter die Fiber, und nageln Sie es an der Außenseite der Stützleiste fest. Nehmen Sie am Ohrenteil der Armlehne alle notwendigen Angleichungen vor, und schlagen Sie dann die Nägel ein. Vom Fassonleinen ist jetzt nur die Zunge noch nicht befestigt, die Sie rund um die Gurtbänder an der Rückseite der Armlehne geführt haben.

Um dem Arm eine feste Form zu geben, arbeiten Sie jetzt eine Reihe von 5-cm-Hinterstichen (s. S. 28/29) am äußeren Rand der Armlehne entlang.

Nun machen Sie ziemlich feste Lasierstiche (s. S. 20/21), damit sie das dünne Roßhaar der zweiten Füllung halten. Vergessen Sie bei der Anfertigung der zweiten Füllung nicht, die durch Füllschlingen und Stichreihen entstandenen Mulden zu füllen; sie dürfen nicht mehr vorhanden sein, wenn man den Nessel darüberzieht. Das Haar soll nicht über die Rolle an der Vorderseite des Arms reichen, andererseits soll man auch nicht zu wenig Haar in diesen Rand stopfen.

Schneiden Sie jetzt ein Nesselrechteck aus, das über den ganzen gefüllten Teil des Arms reicht, zuzüglich 5 cm Nahtzugabe, und befestigen Sie den Stoff provisorisch (s. S. 30/31). Ziehen Sie den Stoff rund um die Vorderseite der Rolle fest, und befestigen Sie ihn provisorisch an der Außenseite der Stützleiste und unter der Armleiste. Stecken Sie den Nessel oben auf der Rolle fest, streichen Sie ihn nach vorn zum Sichtholz hin, und nageln Sie ihn provisorisch an allen drei Stellen fest. Machen Sie einen Schnitt in den Nessel, lassen Sie ca. 15 mm rund um die Oberseite der Rolle stehen, und schneiden Sie den überschüssigen Stoff weg.

Beginnen Sie oben auf der Rolle, schlagen Sie den Nessel unter das Haar, und stecken Sie ihn fest. Arbeiten Sie rund um die Rolle, und nadeln Sie ihn dabei fest. Der Nessel soll glatt und fest sein; wenn er sich zu locker anfühlt, dann nehmen Sie die provisorischen Nägel heraus und spannen den Stoff noch einmal nach vorn zu.

Formung der Armlehne

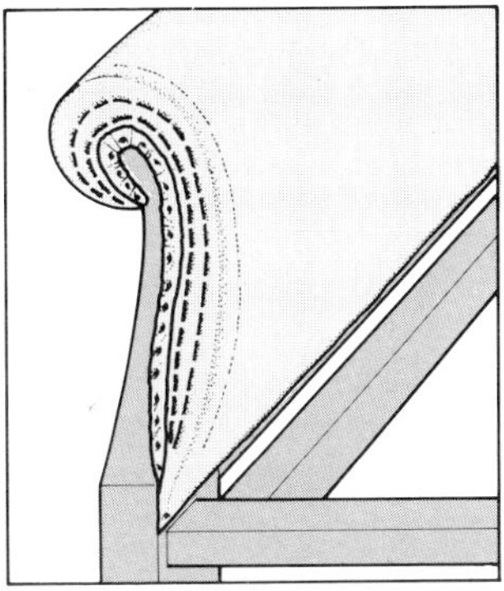

1 *Eine Reihe Blindstiche und eine Reihe Hinterstiche.*

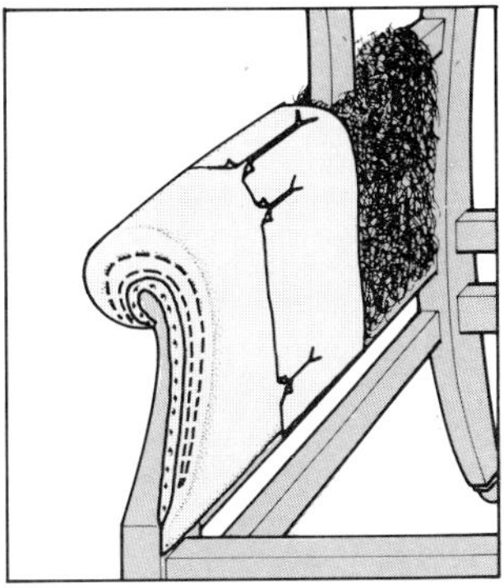

2 *Y-Schnitte, daß Fassonleinen rund um Leisten paßt*

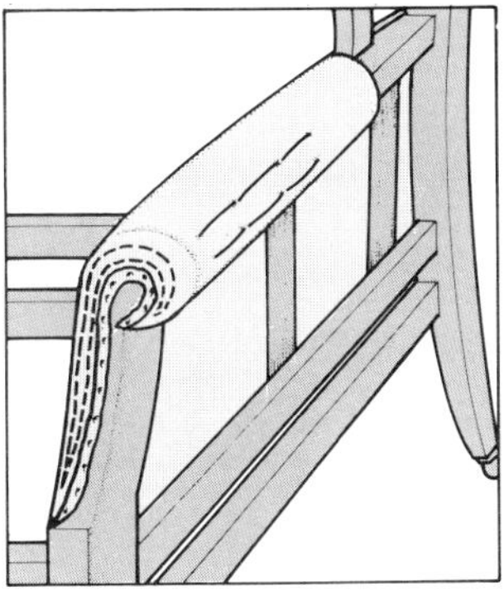

3 *Auch am Außenrand Hinterstiche machen.*

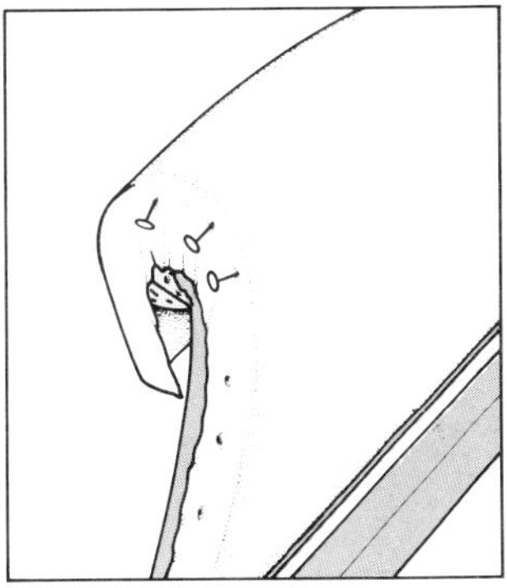

4 *Stecken Sie den Nessel an der Oberseite der Rolle fest.*

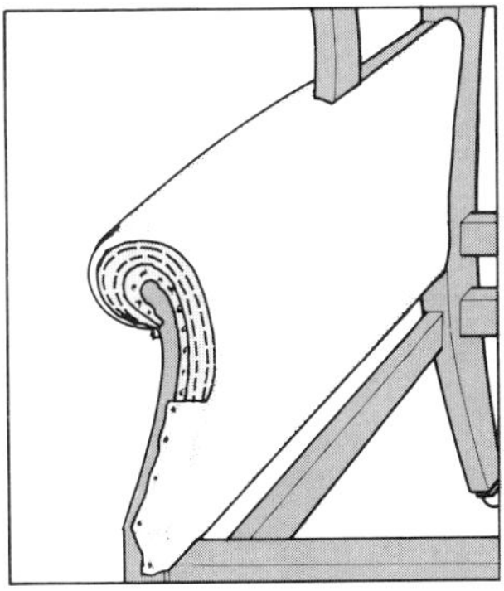

5 *Nessel unter Haarschicht schlagen, feststecken.*

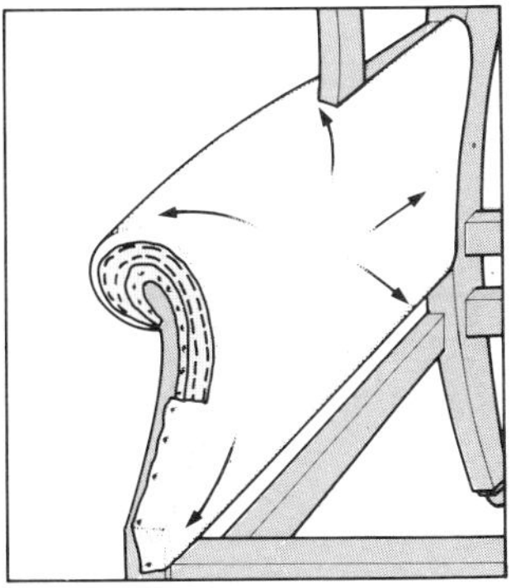

6 *Nessel nachspannen, damit Rolle Form behält.*

Abschluß der Rolle

Entfernen Sie die provisorischen Nägel vom Rücken und schlagen Sie den Nessel zurück, schneiden ihn, so daß er um die Ohrenleisten, die Armleisten und die Stützleisten paßt, genau so wie das Fassonleinen, und befestigen Sie das ganze nochmals provisorisch. Machen Sie im Nessel einen Y-Schnitt, um ihn rund um das vordere Stuhlbein zu passen, und machen Sie die Befestigung am Rücken, an der Stützleiste und unter der Armleiste fertig. Der Nessel soll ziemlich fest sitzen – ist er zu locker, bilden sich häßliche Falten unter dem Bezug; wenn alles überall fest ist, überschüssigen Stoff wegschneiden. Der rund um die Rolle gesteckte Nessel muß jetzt festgenäht werden. Das geschieht mit einem Knopflochstich, wozu man am besten Schlauf-(Knopf-)Faden verwendet, der nicht so leicht durch den Bezug sichtbar ist. Vom Nesselschnitt ausgehend rund um die Oberseite der Rolle bis zum Punkt arbeiten.

Wattieren Sie über dem Nessel mit Flachsfilz, und achten Sie darauf, daß er den gesamten gepolsterten Teil des Arms bedeckt, aber nicht das vordere Sichtholz. Es ist viel leichter, Überflüssiges wegzuzupfen, als später etwas hinzuzufügen, ohne daß das klum-

Geknüpfter Knopflochstich

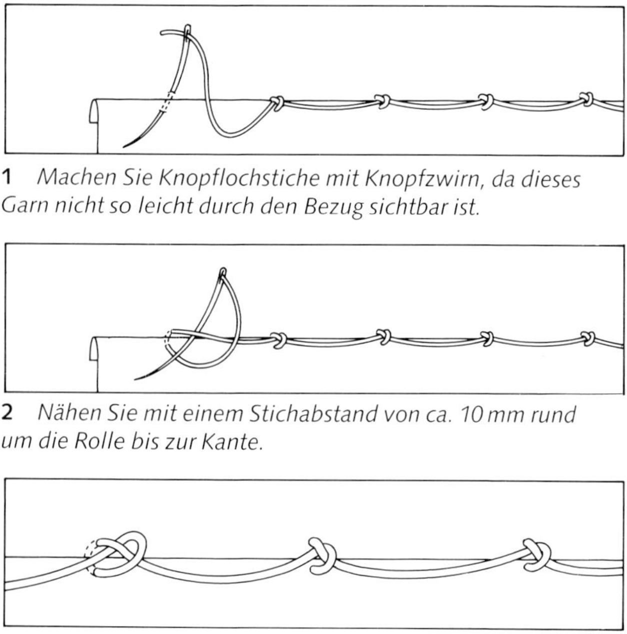

1 *Machen Sie Knopflochstiche mit Knopfzwirn, da dieses Garn nicht so leicht durch den Bezug sichtbar ist.*

2 *Nähen Sie mit einem Stichabstand von ca. 10 mm rund um die Rolle bis zur Kante.*

3 *Gleichen Stich auf geheftetem Backenstuhl verwenden* *(s. S. 68/69)**, um Nessel rund um Rückenteil zu verankern.*

Die erste Füllung wird mit Fassonleinen abgedeckt, um die gewünschte Form zu bekommen; die zweite Füllung umschließt den Nessel, der festgenagelt und -genäht wird. Über den Nessel kommt eine Schicht Watte und darüber schließlich der Bezug.

pig wirkt. Schneiden Sie den Bezug ebenso im Rechteck zu wie zuvor den Nessel. Der Stoff muß bis an die Innenseite der Arme hinunterreichen, und die beiden Arme müssen einander soweit wie möglich gleichen. Die Nägel sollen nicht durch die Watte gehen, zupfen Sie also wo nötig die Watte weg. Nageln Sie den Bezug zuerst wie vorher den Nessel provisorisch fest; der Stoff soll gespannt sein. Streichen Sie den Bezug über das Vorderholz glatt, bringen Sie zuerst an der Oberseite der Rolle eine provisorische Befestigung an, dann legen Sie den Stoff rund um die ganze Rolle in Falten. Legen Sie die Falten abwärts zum Sitz hin – es soll so aussehen, als würden sie von einem Punkt in der Mitte der Rolle ausgehen. Die Oberseite der Falten soll nicht über die Oberseite des Arms reichen. Spannen Sie den Stoff und nageln ihn unten fest, so wie Sie es vorher beim Nessel gemacht haben. An der Hinterseite des Arms falten Sie den Bezug wie zuerst den Nessel und machen Y-Schnitte zum Anpassen um Ohren-, Arm- und Stützleiste. An der Vorderseite machen Sie einen Y-Schnitt zum Anpassen rund um das vordere Stuhlbein. Schlagen Sie die Nägel ein, sorgen Sie für richtige Spannung, dann schneiden Sie überschüssigen Stoff weg.

Der gefederte Rücken

Die Federung einer Rückenlehne ist in vieler Hinsicht der Federung eines Sitzes ähnlich (Anleitungen s. S. 34–39).

Befestigen Sie zuerst die horizontalen, dann die vertikalen Gurtbänder an die Stützleiste, und spannen Sie sie hinauf zur Oberleiste. Wenn die Federn aus der Rückenlehne noch in gutem Zustand sind, sortieren Sie sie nach der Höhe und befestigen sie an den Gurtbändern, die höchsten dem Sitz am nächsten. Das verknotete Drahtende der Federn soll nach innen sehen. Die Federn sollen immer am Schnittpunkt der Gurtbänder sitzen. Plazieren Sie die Federn, nähen Sie sie an den Gurtbändern fest, und schnüren Sie sie (s. S. 34–37), aber drücken Sie sie nicht allzu fest zusammen, sonst wird der Rücken hart und unelastisch. Befestigen Sie 340-g-Federleinen über den Federn (s. S. 37), und schneiden Sie den Stoff so zu, daß er rund um die Armlehnen paßt. Ziehen Sie das Federleinen (s. S. 37). Arbeiten Sie rund um den äußeren Rand des Rückens, und machen Sie Lasierstiche (s. S. 20/21), dann bringen Sie am restlichen Rücken auch noch ein paar Lasierstiche an; die Stiche sollten alle etwa drei Finger hoch sein. Schieben Sie die erste Füllung darunter (s. S. 37), wobei Sie in den unteren Rückenteil mehr schieben, damit das Kreuz des Sitzenden gut gestützt ist.

Das Fassonleinen soll umgeschlagen und an die vordere (obere) Fläche der hinteren Stuhlbeine, an die Außenseite der Stützleiste unten und an den abgeschrägten Rand der Oberleiste genagelt werden. Nageln Sie zuerst jede Seite des Fassonleinens provisorisch an, dann die Oberleiste, dann unten. Unten schieben Sie das Fassonleinen zwischen den Sitz und das Fasermaterial in der Rückenlehne.

Machen Sie jetzt Füllschlingen (s. S. 26/27). Die unteren sollen sich genau unter der Oberseite der Armlehnen befinden, so daß die Holzstütze keine Schlingen aufweist. Stechen Sie nicht in die Federn und Schnürfäden. Entfernen Sie die provisorischen Nägel von der oberen Leiste, fügen Sie mehr Faser hinzu, falten Sie das Fassonleinen unter die Füllung, und nageln Sie es an die abgeschrägte Kante (s. S. 26/27). Arbeiten Sie bis auf 5 cm an die Seiten heran, dann legen Sie Falten die Seiten hinunter und machen Y-Schnitte, um den Stoff rund um die Oberleiste, die Armleiste und die Stützleiste anzupassen. Schlagen Sie die Nägel von der Oberleiste bis hinauf zu den Ohren ein. Bearbeiten Sie die Seiten auf die gleiche Weise, dann wenden Sie sich der Stützleiste zu.

Machen Sie eine Reihe von Blindstichen (s. S. 28/29) entlang dem oberen Rand des Rückens von Stuhlbein zu Stuhlbein. Schieben Sie die Füllung in den Rand, dann machen Sie eine Reihe Hinterstiche (s. S. 28/29). Ziehen Sie die Füllschlingen etwas an, und nageln Sie die Polsternägel fest. Die zweite Füllung des Rückens geht genauso vor sich wie beim Sitz (s. S. 38/39). Schneiden Sie Rechtecke aus Nessel, lang genug, daß es von der Außen-

Die Federn in der Rückenlehne auf die Schnittpunkte der Gurtbänder plazieren (links)*; dort tragen die Federn nicht zur Form, sondern nur zur Bequemlichkeit bei* (rechts).

seite der Stützleiste zur Außenseite der Oberleiste reicht, und breit genug, daß es nahe den Rändern der hinteren Stuhlbeine festgenagelt werden kann. Schieben Sie den Stoff zwischen den Sitz und die Rückenfüllung, und nageln Sie ihn provisorisch an der Stützleiste fest. Spannen Sie den Stoff nach oben und über das Roßhaar, und nageln Sie ihn provisorisch an die Außenseite der hinteren Leiste. Wenn der Nessel fest genug sitzt, dann müssen Sie die Nägel an beiden Seiten nicht verändern, schlagen sie ein und machen Y-Schnitte zwecks Anpassung rund um die Oberseite, die Arme und die Stützleisten. Spannen Sie den Stoff nach oben und nach außen zu den Ecken, schlagen Sie ihn ein, und biegen Sie ihn nach außen. Bilden Sie in jeder Ecke einen Spitz über der Oberseite jedes Stuhlbeins.

Sobald die Spannung richtig ist, schlagen Sie alle Nägel fest und schneiden den überschüssigen Nessel weg. Decken Sie nun den ganzen Rücken mit Flachswatte ab, und zupfen Sie rund um Arm- und Ohrenstützen das überflüssige Material weg. Am oberen Rand sollte der Filz nicht über den äußeren Rand des Stuhlrückens reichen. Dann schneiden Sie den Bezug ebenso zu wie den Nessel, berücksichtigen aber ein etwaiges Muster. Legen Sie den Bezug auf die Watte und befestigen diese provisorisch. Falten Sie den Stoff an den Seiten wie zuvor den Nessel, und passen Sie ihn mit Y-Schnitten rund um die Leisten an. Streichen Sie den Stoff glatt, und hämmern Sie die Nägel ein. Prüfen Sie die Spannung in beide Richtungen; sobald Sie sicher sind, daß die Spannung stimmt, schlagen Sie die Nägel ein und schneiden den überschüssigen Stoff weg.

Die Ohren

Gurtbandstreifen auf die Oberseite des Arms an der Hinterseite des Ohrteils parallel zum hinteren Stuhlbein nageln, zur Oberseite der Ohrenleisten heraufziehen, innen annageln. Rechteck aus 340-g-Federleinen an der Innenseite des Ohrs befestigen; der Stoff soll groß genug sein, um ihn an der Innenseite des hinteren Stuhlbeins anheften zu können. Stoff oben auf den Arm nageln, nach oben spannen, an der Innenseite des Ohrs festnageln. Nach innen einschlagen, festnageln, Überstand wegschneiden. Lasierstiche machen (s. S. 20/21).

Innenohr mit Roßhaar füllen, etwas mehr dort, wo es auf den Innenrücken trifft. Rechteck aus Nessel ausschneiden, groß genug, daß man den Stoff an die hinteren Stuhlbeine festnageln, über das Haar spannen und an der Außenseite der Ohrenleisten befestigen kann. Unten Nessel unter das Roßhaar schlagen; an der Oberseite des Arms soll er glatt aufliegen, das Haar darf hier nicht über den Rand der Leisten vorstehen. Am Rücken Nessel parallel zu den hinteren Stuhlbeinen falten, Y-Schnitt machen (s. S. 39), so daß er um die obere Leiste reicht. Nessel provisorisch von außen an das hintere Stuhlbein nageln, nach vorn spannen und provisorisch an der Außenseite von Ohren- und Oberleiste befestigen. Um die Biegung des Ohrs ist ziemlich viel Stoff, deswegen Nessel zwischen den beiden bereits festgenagelten Abschnitten spannen. Schließlich alle Nägel mit Ausnahme der Nägel am hinteren Stuhlbein fest einschlagen.

Über den Nessel legen Sie Polsterwatte, zupfen den Überstand weg, und schieben sie unter das Ohr, wo es auf dem Armteil

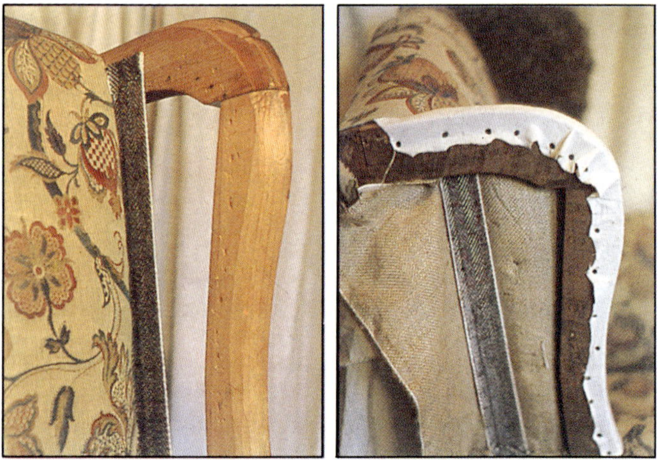

Die meisten Ohren sind einfach konstruiert; Gurtbänder und Federleinen stützen die Füllung, die Form wird vom Nessel gebildet – wie bei einem herausnehmbaren Polstersitz.

Ohren

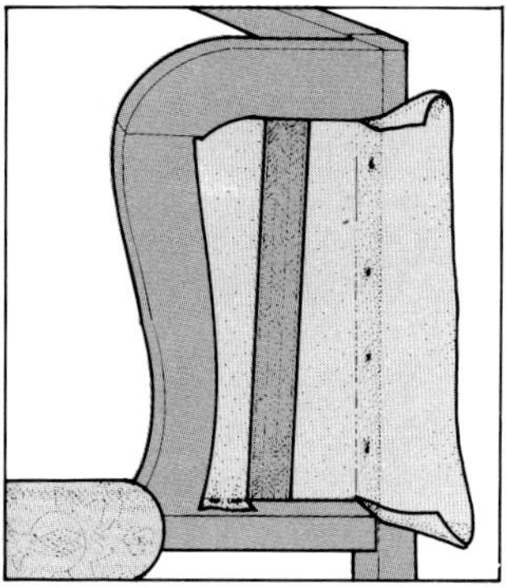

1 *Gurtbänder und Federleinen auf Ohr plazieren.*

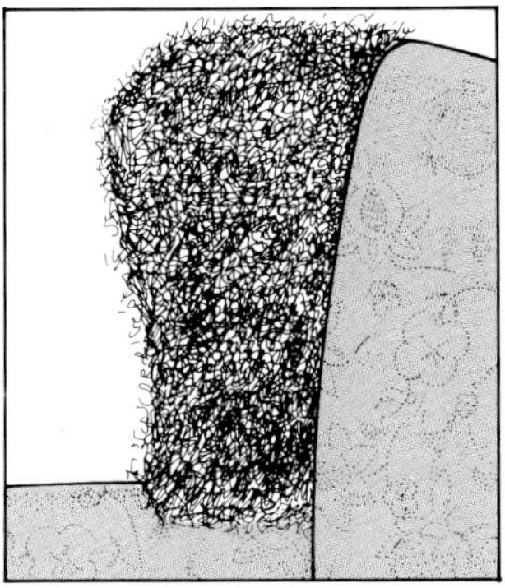

2 *Das Innere wird mit Roßhaar gefüllt.*

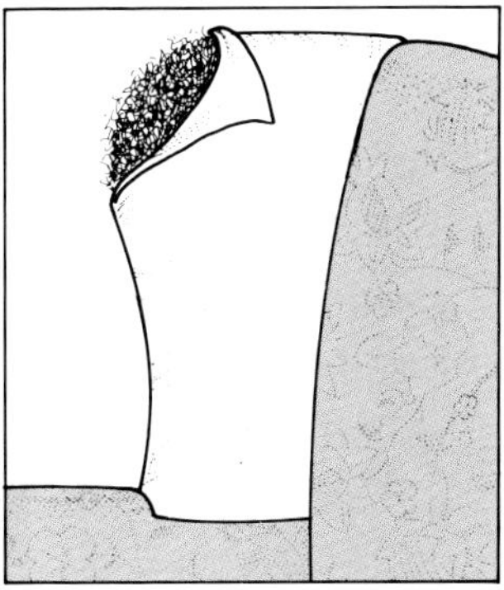

3 *Spannung und Glättung zur Bildung der Form.*

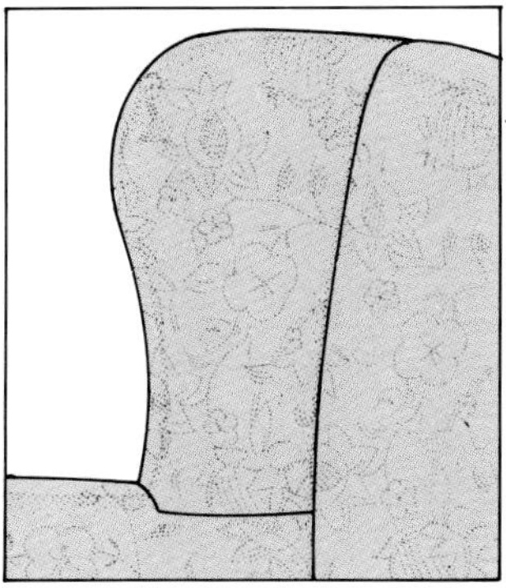

4 *Füllungen hinter das hintere Stuhlbein drücken.*

aufsitzt. Schneiden Sie ein Rechteck Bezugsstoff von der gleichen Größe wie den Nessel, und bringen Sie ihn über der Watte an. Schieben Sie ihn unter das Ohr, wo es auf dem Arm sitzt, und befestigen Sie den Stoff provisorisch am hinteren Stuhlbein. Spannen Sie ihn über das Ohr, und befestigen Sie ihn provisorisch an der Außenseite der Leiste, so wie Sie es mit dem Nessel getan haben. Machen Sie Y-Schnitte zum Anpassen rund um die Oberleiste. Falten Sie den Stoff über der Oberseite des hinteren Stuhlbeins spitz zulaufend, und verbinden Sie ihn mit der Innenseite des Rückenbezugs. Pressen Sie alle Schichten und Füllungen nach innen das hintere Stuhlbein hinunter, so daß der Rücken des Ohrs genau auf dem Innenrücken sitzt, und nageln Sie dann durch alle Schichten hindurch. Falten Sie alle Schichten einwärts, und sichern Sie das ganze noch mit zwei oder drei Nägeln.

Außenbezüge

Schneiden Sie Federleinen rechteckig zu, so daß der Stoff von unter der Armlehne bis zur Unterseite des Stuhls reicht (unten braucht er nicht umgebogen zu werden) und vom hinteren Stuhlbein zum vorderen Stuhlbein des Armteils. Schneiden Sie den Bezug in gleicher Größe wie das Federleinen, geben Sie ca. 5 cm dazu, damit der Stoff unten umgeschlagen werden kann und um die hinteren und vorderen Stuhlbeine herumreicht.

Legen Sie den Stuhl auf die Seite, den Bezug auf die Außenseite der Armlehne, falten den oberen Rand unter der Armlehne und stecken ihn hinten und vorn entlang der Faltenlinie fest. Dann heben Sie den Bezug vorsichtig auf und hängen ihn über das Armteil. Fixieren Sie ihn mit zwei oder drei Stiften unter der

Anbringen des Bezugs

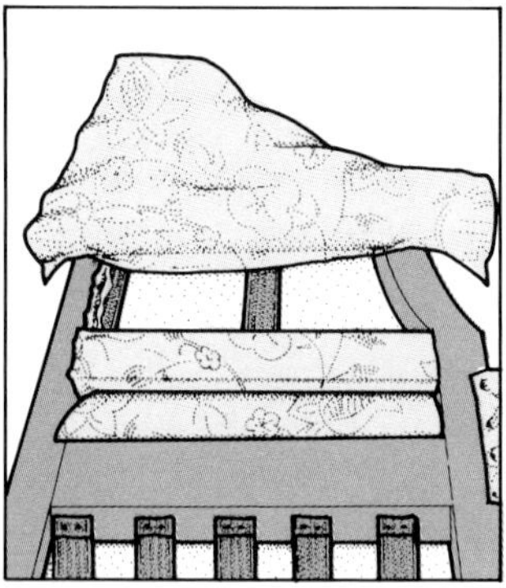

1 *Bezug vorsichtig heben und über den Arm hängen.*

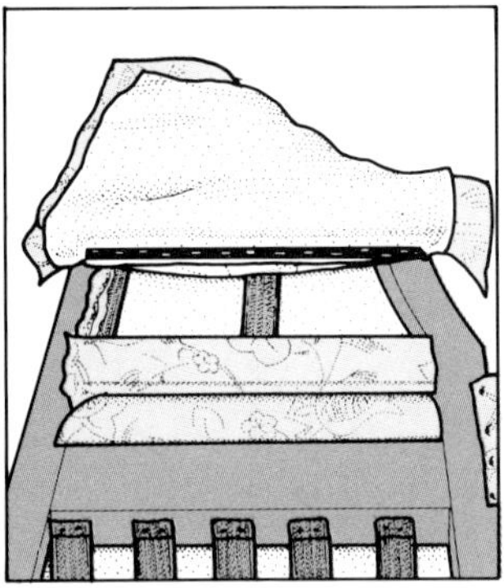

2 *Durch Federleinen und Bezug unter Armteil nageln.*

3 *Spannen, auf Stuhlbeine und Rückenleiste nageln.*

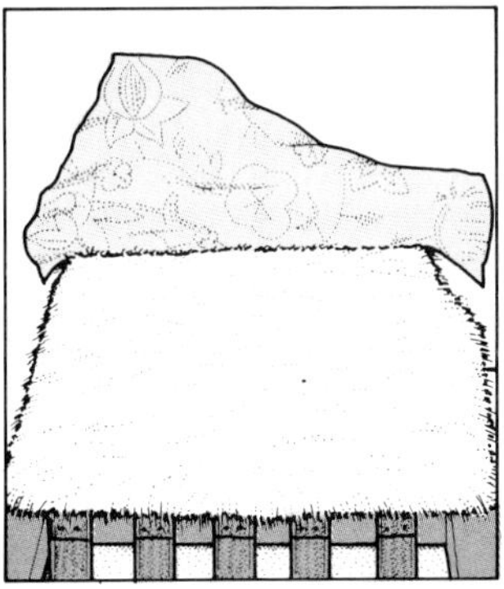

4 *Wattierung fest unter die Arme schieben.*

Armleiste. Plazieren Sie das Federleinen über den Bezug und fixieren es mit zwei oder drei Stiften unter der Armlehne. Verwenden Sie eine Länge Spannleinen, das Sie unterhalb des Armteils durch Federleinen und Bezug nageln. Achten Sie darauf, daß der Spanndraht auf gleicher Höhe mit der Außenseite des Stuhls ist.

Falten Sie das Federleinen an der Seite des Stuhls flach hinunter, spannen Sie es und nageln es an den Stuhlbeinen und an der Unterleiste fest. Lassen Sie es an den Rändern fransig, aber schneiden Sie die Überstände weg. Legen Sie eine Lage Polsterwatte über das Federleinen und achten Sie darauf, daß es genau bis hinauf unter die Arme paßt. Falten Sie den Bezug vorsichtig über die Watte, so daß sie nicht verschoben wird. Achten Sie darauf, daß der Bezug fadengerade liegt, dann befestigen Sie ihn provisorisch an der Unterseite des Sessels, an der Rückenseite des hinteren Stuhlbeins und an der Vorderseite. Dann schneiden Sie es so zu, daß es um die Stuhlbeine paßt (s. S. 30/31).

Schneiden Sie ein fadengerades Rechteck aus dem Bezugsstoff, das das Vorderholz leicht bedeckt. Belegen Sie das Vorderholz mit Flachswatte, dann legen Sie den Bezug darauf. Schneiden Sie den überschüssigen Stoff weg, lassen aber so viel, daß er um die Watte geschoben werden kann – etwa 12 mm sollten dafür genügen. Beginnen Sie an der Oberseite der Rolle, schieben den Stoff unter die Watte und heften ihn bis hinauf zum Rand. Arbeiten Sie auf diese Weise rund um das Vorderholz, einschließlich der Unterseite. Am Rollenende den Bezug etwas einschneiden, aber ja nicht zuviel. Wenn alles festgesteckt ist, nähen Sie alles mit Schlupffaden und einer gebogenen Nadel an den Bezug. Arbeiten Sie rund um das Vorderholz herum, machen Sie zwei oder drei Stiche, dann ziehen Sie sie vorsichtig zusammen, um die Naht zu schließen. Entfernen Sie im Verlauf der Arbeit die Stifte. Befestigen Sie ein Stück Federleinen über das Ohrteil. Lassen Sie die Kanten fransig, aber schneiden Sie den Überstand weg. Schneiden Sie aus dem Bezugstoff ein Rechteck, das die Außenseite des Ohrteils abdeckt und am Rand und unten eingeschlagen werden kann. Heften Sie den Bezug mit Stiften an den Rand und nähen ihn mit Schlingstichen rund um das Ohr herum fest. Schneiden Sie ein Rechteck aus Federleinen, um die Rückenlehne abzudecken, nageln Sie es fest und legen Sie Polsterwatte darüber. Schneiden Sie ein Rechteck aus dem Bezugsstoff als Abdeckung für die Außenseite des Rükkens, groß genug, daß der Stoff am oberen Rand und an den Seiten um die Watte eingeschlagen und unter die Unterseite des Stuhls genagelt werden kann. Legen Sie den Bezug über die Watte, beginnen Sie an der Oberleiste, schlagen den Rand um die Watte, und stecken den Stoff im Verlauf der Arbeit fest. Fixieren Sie beide Seiten, und machen Sie Einschnitte, wo der Stoff unten um die Beine passen muß (s. S. 30/31). Nageln Sie ihn unter der Stuhlunterseite fest, und befestigen Sie alles mit Schlingstichen. Zuletzt bringen Sie den Staubboden an (s. S. 22/23).

Projekt 4: *Ein Sofa mit Sitzpolstern*

Aufbau

Die Konstruktion des Sitzes ist anders als beim Ohrensessel. Zusätzlich zu den Hauptfedern im Sitz gibt es hier nämlich eine weitere Reihe von Federn an der Vorderseite des Sitzes, die sich unabhängig von den Hauptfedern bewegen. Diese vordere Federnreihe ist an der Oberseite der Vorderleiste fixiert und sitzt nicht auf Gurtbändern auf. Alle Federn sind einzeln geschnürt, aber dann wird ein Rohr oder Draht über die ganze Reihe gebunden, so daß sie sich doch bis zu einem gewissen Grad gemeinsam bewegen; das Rohr bildet eine gerade Linie entlang der Vorderseite des Sitzes. Der fertige Sitz sieht ganz flach aus, aber entlang der Vorderseite (über den Federn am Vorderrand) befindet sich eine Art Lippe, die verhindert, daß die Sitzkissen nach vorn rutschen.

Der zweite große Unterschied zwischen diesem und den anderen Projekten sind die zusätzlichen Kissen – in diesem Fall sind es paspelierte Eckkissen. Man kann zwar auch Schaum- oder Polyesterkissen verwenden, aber Federkissen sind natürlich am passendsten, obwohl sie nach Gebrauch immer wieder aufgeschüttelt werden müssen.

Man muß zwar nicht unbedingt an der Innenseite des Rückens über den Armteilen Manschetten anbringen, aber dadurch können Sie die einzelnen Abschnitte der Polsterung präziser arbeiten. Probieren Sie diese Technik lieber zuerst an einem alten Vorhang oder irgend etwas ähnlichem aus, bevor Sie sich an diese Arbeiten machen. Wenn Sie sie einmal erlernt haben, können Sie sie natürlich überall anwenden, z. B. an einem Stuhl.

Vorbereitung

Beim Abpolstern des Sofas notieren Sie sich die Höhe des Sitzes mit und ohne Kissen, ebenso die Tiefe des Sitzes von vorn nach hinten.

Die Federn des Sitzes werden wahrscheinlich nicht mehr verwendbar sein, die Rückenfedern hingegen schon. Das Rohr oder der Draht entlang der vorderen Kante müßte noch in gutem Zustand sein, also verwenden Sie ihn wieder. Machen Sie zuerst den Sitz, das ist einfacher, solange die Arm- und Rückenlehnen noch nicht gepolstert sind.

Ein Sofa zu polstern ist ein langwieriges Unternehmen. Planen Sie so viele Arbeitstage dafür ein, wie Sie können. Ein Saum, in Teilen zugeschnitten und am Hauptbezug mit Schlingstichen befestigt, ist nicht unbedingt nötig.

Der Sitz

Befestigen Sie die Gurtbänder (s. S. 34/35), führen Sie aber noch zusätzliche Gurtbänder quer über die Sitzmitte von hinten nach vorn, um damit die langen Gurtbänder zu stützen und sie am Durchhängen zu hindern. Berechnen Sie die erforderliche Höhe der Federn (s. S. 34/35), vergessen Sie aber nicht, daß die Federn am vorderen Rand kürzer sind als die Hauptfedern, da sie ja an der Vorderleiste sitzen. Achten Sie darauf, die Hauptfeder so anzubringen, daß die Schnürfäden nicht mit den Federn am vorderen Rand kollidieren.

Nähen und schnüren Sie die Federn fest (s. S. 34/37). Wenn die Federn höher als 23 cm sind, dann müssen Sie sie durch die Mitte schnüren, *bevor* Sie sie am oberen Ende entlang schnüren. Die Methode ist genau die gleiche. Wenn Sie mit dem Schnüren fertig sind, sollten die Federn alle vertikal sein und mindestens 25 mm niedriger.

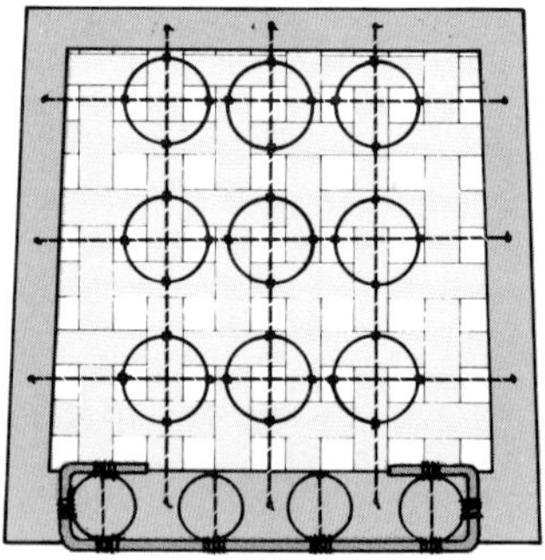

Links: *Hauptfedern so anbringen, daß die Schnürfäden nicht mit den Federn am vorderen Rand kollidieren.*

Unten: *Faden in die Hälfte falten und um die unterste Drahtschlinge wickeln* (unten). *Feder in korrekte Höhe halten und zu beiden Seiten Fischerknoten machen.*

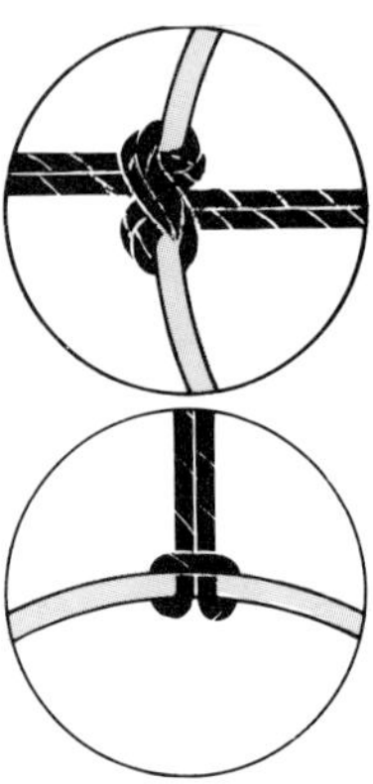

Wenn der Faden an die Vorderseite der Leiste festgenagelt ist, sollte die Feder die korrekte Höhe haben.

Die Federn am vorderen Rand

Schneiden Sie ein Stück Gurtband etwas länger als die volle Leistenlänge und nageln Sie es provisorisch beiderseits oben auf die Leiste. Schieben Sie die untersten Schlingen aller Federn unter die Gurtbänder, und nageln Sie diese mit verstärkten 15-mm-Nägeln zu beiden Seiten der Schlingen fest. Schneiden Sie einen schweren Garnierfaden, ca. sechsmal die Länge der Federnhöhe, und schnüren Sie damit jede Feder einzeln an die Sitzhöhe (s. Illustration gegenüber).

Schneiden Sie einen etwa 75 cm langen Schnürfaden, falten ihn in die Hälfte und schnüren damit die Federn an Rohr oder Draht, das Sie beim Abpolstern zur Seite gelegt haben. Machen Sie das am ganzen vorderen Rand und halten dabei jede Feder vertikal; ebenso an den seitlichen und hinteren Federn, falls Rohr oder Draht soweit reichen. Schließlich nageln Sie eine Reihe Polsternägel an den vorderen Rahmenrand und befestigen Schnürfäden rund um die Nägel und zu jeder Feder hinauf (s. unten).

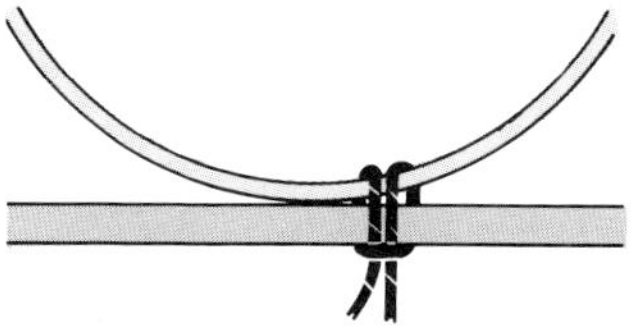

Wickeln Sie den Schnürfaden rund um das Rohr und die oberste Federnschlinge.

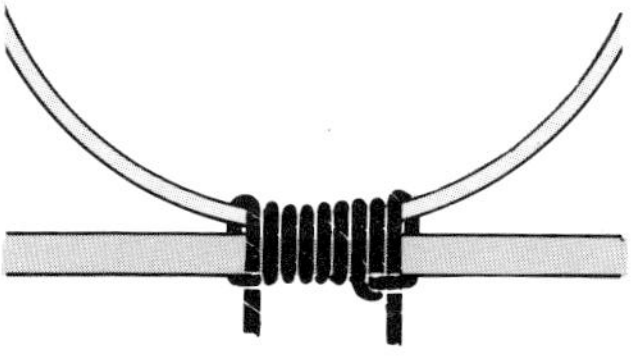

Machen Sie auf eine Länge von ca. 4 cm die Leiste entlang in beiden Richtungen Knopflochstiche.

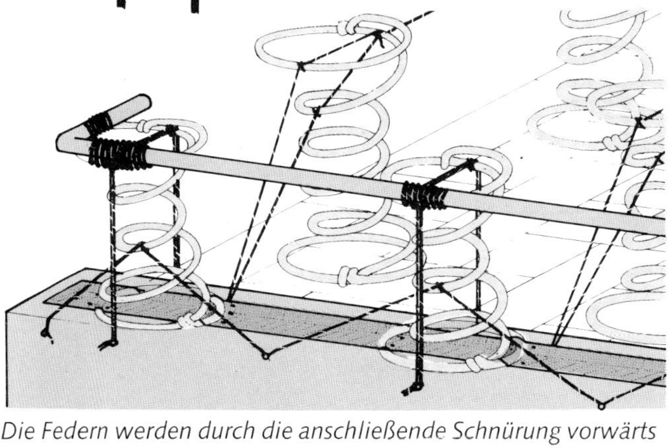

Die Federn werden durch die anschließende Schnürung vorwärts gezogen, so daß das Rohr leicht über die Sitzleiste vorsteht.

Die erste Füllung

Decken Sie die Federn mit 340-g-Federleinen (Sackleinen) ab (s. S. 37), nur machen Sie diesmal eine Rille oder Furche, indem Sie das Federleinen zwischen die Hauptfedern und die Federn am vorderen Rand schieben. Schneiden Sie ein Stück Gurtband, das ca. 20 cm länger ist als das Sofa. Falten Sie es in die Hälfte und legen es in die Rille. Nageln Sie das Gurtband an einem Ende provisorisch mit 15-mm-Nägeln fest, spannen Sie es zum anderen Ende und nageln es auch dort provisorisch fest.

Befestigen Sie das Federleinen (s. S. 37). Die Randfedern nicht herunterziehen und dadurch verschieben! An den Enden der Randfedern schneiden und falten Sie das Federleinen so sauber wie möglich, denn die Füllung darf keinesfalls in den Federraum geraten. Nähen Sie die Federn, auch die Federn am vorderen Rand, an das Federleinen (s. S. 37).

Machen Sie mit feinem Garniergarn Lasierstiche (s. S. 20/21); die Schlaufen rund um den Sitz sollten etwa 15 cm voneinander entfernt und etwa drei Finger hoch sein. Füllen Sie den Sitz, die Oberseite der Randfedern und die Rille mit Fibermaterial (s. S. 26/27). Vorderfront und Seiten der Kantenfedern lassen Sie vorläufig noch ohne Füllung. Decken Sie die Fiber mit Fassonleinen ab (s. S. 26/27). Am vorderen Rand legen Sie das Fassonleinen über die Fiber (oder Faser) und nageln es an den Seiten und am Rücken provisorisch fest. Spannen Sie das Fassonleinen über den vorderen Rand, und nageln Sie es mit Stiften über das Federleinen gut fest.

Machen Sie auf der Hauptsitzfläche Füllschlingen (s. S. 26/27) und an der Rille parallel zur Vorderseite der Rille eine eigene Reihe von Füllschlingen (AB). Sobald die Füllschlingen sitzen, entfernen Sie die Stifte vom vorderen Rand und fügen, falls sich der Rand zu weich anfühlt, mehr Faser hinzu. Schieben Sie das Fassonleinen unter die Faser und nageln Sie es mit Stiften fest, aber achten Sie dabei darauf, daß der Stift *unter* das Rohr kommt. Arbeiten Sie auf diese Weise den vorderen Rand entlang. Legen Sie an den Ecken den Stoff in saubere Falten. Nachdem das Fassonleinen fixiert ist (s. S. 26/27), wird es diesmal unter dem Rohr befestigt, anstatt an einer hölzernen Leiste. Sobald der vordere Rand mit Stiften fixiert ist, machen Sie eine Reihe Blind-(Senk-)Stiche (s. S. 28/29), führen aber die Nadel durch das Fassonleinen und *unter* dem Rohr hindurch beim Aufwärtsstich und *über* dem Rohr beim Abwärtsstich.

Machen Sie den ganzen vorderen Rand entlang eine Reihe von Hinterstichen (s. S. 28/29). Vergessen Sie nicht, die Faser im Randbereich zurechtzuschieben. Der Sitz sollte jetzt, im Profil gesehen, an seinem Rand eine Lippe bilden.

Schieben Sie das Fassonleinen hinein, und nageln Sie es am Rücken und an beiden Seiten fest, wobei Sie noch etwas Faser

Der vordere Rand

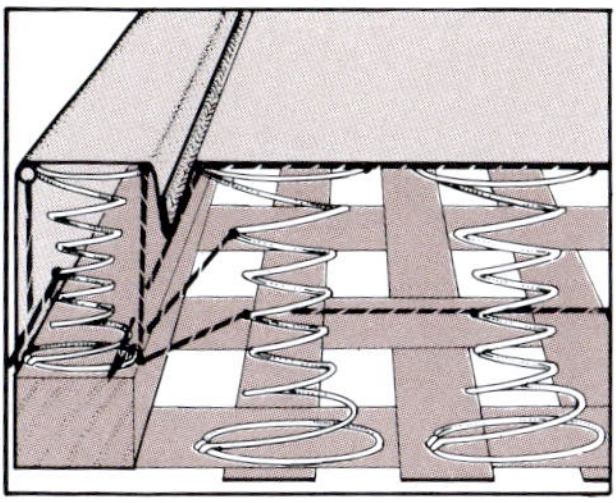

1 *Federleinen mit Gurtband in Rille festhalten.*

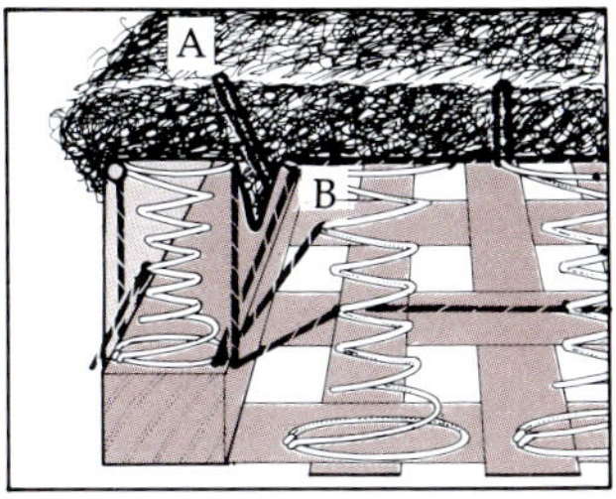

2 *Füllschlingen im Winkel AB in der Rille anbringen.*

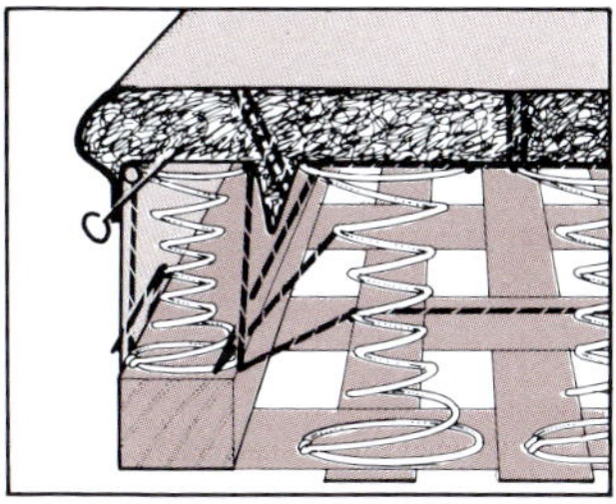

3 *Fassonleinen mit Stift unter dem Rohr befestigen.*

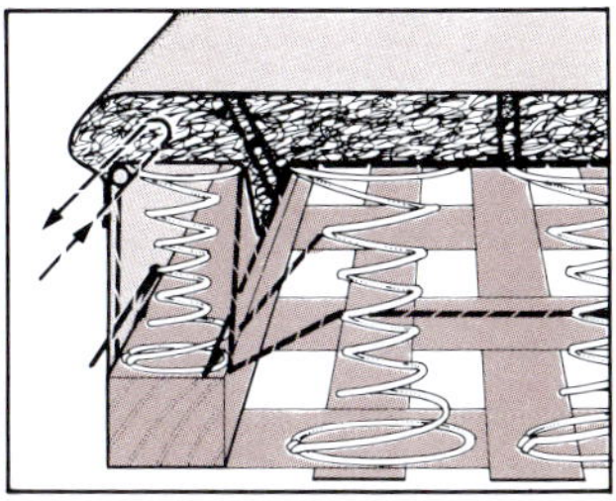

4 *Am vorderen Rand Reihe Blindstiche anbringen.*

Denken Sie bei der Arbeit daran, daß der vordere Rand eine Lippe bilden muß, damit die Kissen nicht nach vorne rutschen.

hinzufügen. Beachten Sie, daß der Sitz bis zur Stützleiste reichen soll, sonst wird sich trotz der Kissen eine Kluft zeigen. Ziehen Sie die Füllschlingen etwas an, und verknoten Sie sie.

Die zweite Füllung

Mit Lasierstichen (s. S. 20/21) halten Sie die zweite Füllung fest; sie sollen etwa zwei Finger hoch sein. Füllen Sie nun den Hauptteil des Sitzes bis knapp hinter der Rille. Da der Sitz später Kissen bekommt,brauchen Sie die zweite Füllung nicht mit Nessel (Musselin) abdecken.

Schneiden Sie aus dem Bezugstoff ein Rechteck, um damit den Federnrand von der Rille bis zur Unterseite der Lippe abzudecken. Decken Sie den Hauptteil des Sitzes von der Rille bis zur hinteren Leiste mit einem groberen Gewebe ab, geben Sie rundherum einen 5 cm breiten Rand zu. Nähen Sie die beiden Teile des Bezugs mit der Maschine an ein Gurtband, das so lang ist, daß es an die Sitzleisten genagelt und an den Sitz genäht werden kann. Stecken Sie die Stoffe rechts auf rechts zusammen, legen Sie das Gurtband obenauf, dann nähen Sie alles zusammen. Geben Sie den Bezug auf den Sitz mit dem Gurtband hinter der Rille. Nageln Sie das Gurtband an beiden Enden an die Sitzleiste, und achten Sie darauf, daß die Linie parallel mit der Vorderseite des Sofas verläuft, und nähen Sie das Gurtband an das Fassonleinen des Sitzes. Dann folgt die zweite Füllung für den Hauptteil des Sitzes, darüber eine Lage Flachswatte, die bis zur Maschinennaht reichen soll. Falten Sie das stärkere Gewebe über die Flachswatte, die bis zur Maschinennaht reichen soll. Falten Sie das stärkere Gewebe über die Flachswatte und nageln es provisorisch an (s. S. 38/39).

Füllen Sie die vordere Lippe des Sitzes mit einer zweiten Füllung und decken sie mit Flachswatte ab. Lockern Sie den Bezug über der Lippe und fixieren ihn unter der Vorderkante. Befestigen Sie eine Länge Garnierfaden unter der Lippe an einem Ende, spannen Sie ihn entlang der Vorderfront und befestigen ihn am anderen Ende. Dann nähen Sie den Bezug den Rand entlang fest. Mit gebogener Nadel Stichreihe im Abstand von 12 mm über den Garnierfaden machen, durch den Bezug und ins Fassonleinen.

Schneiden Sie den vorderen Rand breit genug, daß Sie ihn zwischen dem Sitz und den Stuhlbeinen hineinschieben können, und tief genug, daß er an der Unterseite der Sitzleiste festgenagelt werden kann, dazu am oberen Rand eine Zugabe von 12 mm (s. S. 75). Machen Sie eine Paspel, lang genug, daß sie an der Hinterseite der Vorderpfosten angenagelt werden kann und nähen sie an der Oberseite der Einfassung an. Legen Sie die Einfassung an, und falten Sie den Saum die Oberseite entlang. Befestigen Sie es mit Stiften. Schieben Sie die Enden durch die Innenseite des Sitzes, und befestigen Sie die Paspeln an der Rückseite der vorderen Stuhlbeine, die Einfassung mit Schlaufstichen entlang des oberen Rands. Einfassung zurückfalten und vorderen Teil leicht wattieren, dann falten Sie den Stoff nach unten und streichen ihn glatt. Nageln Sie ihn an der Unterseite der Sitzleiste an. Falten und nageln Sie den unteren Teil an die Unterseite der Leiste.

Aufarbeiten des Bezugs

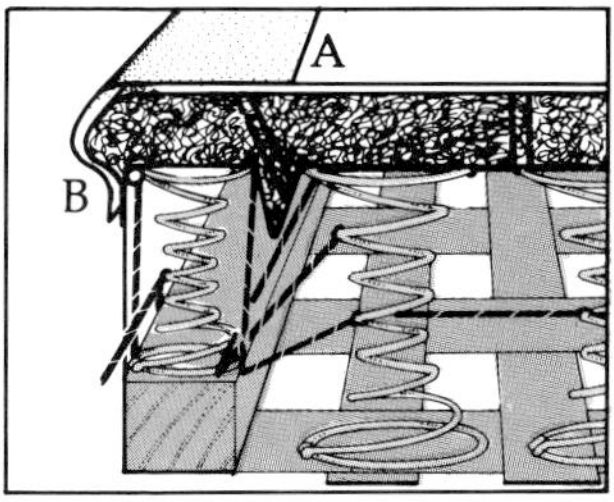

1 *Der Bezug paßt über die Lippe von A nach B.*

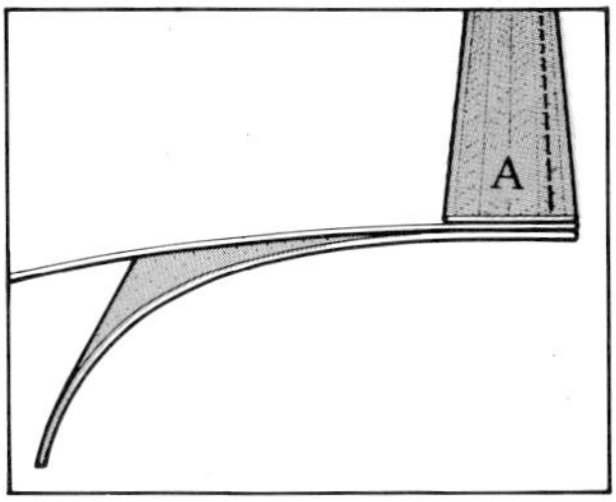

2 *Plattform und Lippenteil bei A an Gurtbänder nähen.*

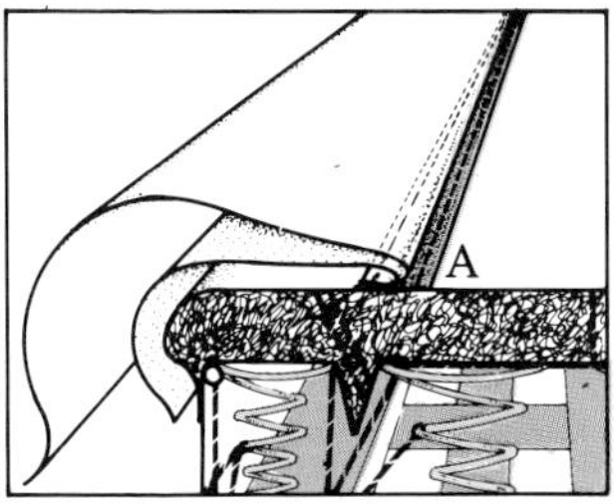

3 *Die Gurtbänder bei A ans Fassonleinen nähen.*

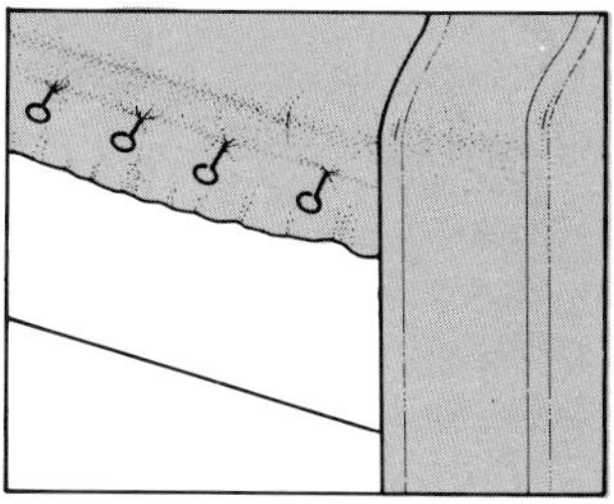

4 *Den Stoff mit Schnurstiften festmachen.*

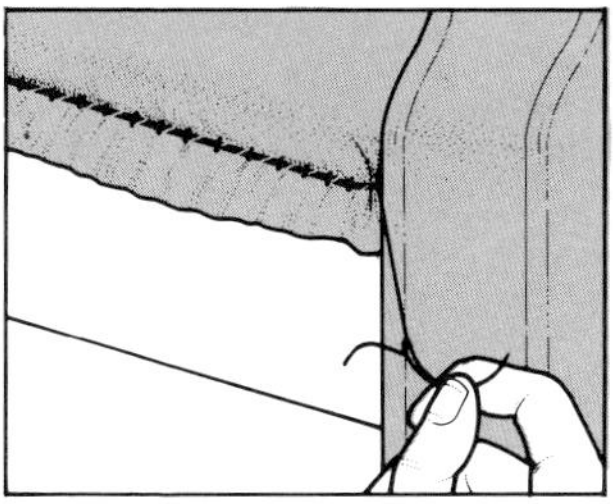

5 *Garnierfadenlänge unter Lippe spannen, einstechen.*

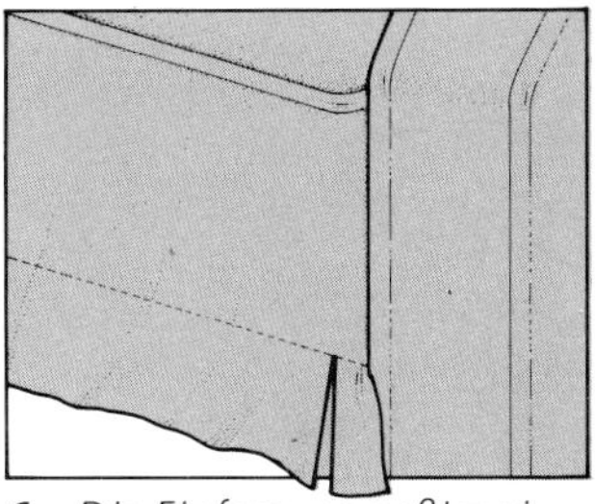

6 *Die Einfassung paßt zwischen Sitz und vordere Beine.*

Die Armlehnen

Wie der Ohrenlehnstuhl hat auch das Sofa gerollte Arme, die Konstruktionsmethode ist im wesentlichen die gleiche. Folgen Sie daher im großen und ganzen den Anleitungen auf den Seiten 40 bis 45. Ein unterschiedlicher Arbeitsgang besteht nur darin, daß beim Sofa sowohl die Nessel als auch der Überzugstoff an die Rückseite der Arme geführt und an der Rückseite der hinteren Beine festgenagelt wird. Ebenso wird die Füllung an die Rückseite der Arme geführt.

Der Rücken

Machen Sie den Rücken (s. S. 46/47), aber führen Sie das Abnageln des Fassonleinens und das Vernähen weiter, und zwar über die Ecken und die Seiten des Rückens hinunter, bis zu den Armen. Schneiden Sie Fassonleinen und Nessel so zu, daß sie rund um die hinteren Stuhlbeine und die Arme passen.

Legen Sie ein rechteckiges Stück Stoff über die hintere Innenseite, wo es hingehört, und schneiden Sie rund um den Armteil den Überstand weg. Lassen Sie ca. 12 mm für den Saum. Schneiden Sie einen geraden Stoffstreifen, breit genug, daß er über den Arm reicht und am hinteren Bein angenagelt werden kann, und lang genug, daß er rund um den Arm paßt; auch dieser Streifen braucht ca. 12 mm Saumzugabe. Nähen Sie das Manschettenstück um die Biegung der hinteren Innenseite. Dann legen Sie es auf den Stuhl zurück und nageln es provisorisch an die Stützleiste unten und an die Außenseite der Oberleiste. Machen Sie Y-Schnitte in die Manschette, damit sie rund um die Leisten paßt, und nageln sie fest. Nageln Sie den Stoff an den äußeren Rücken fix an. An den oberen Ecken den Stoff in Falten legen. Richten Sie die Falten entweder alle zur Mitte hin aus oder nach außen und hinunter auf die Arme zu. Passen Sie die Armteilaußenseiten an, dann den Rücken, die Vorderseiten und den Staubboden (s. S. 50/51).

Die Kissen

Federkissen sind die besten, auch vom Fachmann sind sie nicht teuer. Machen Sie für jedes Kissen einen Schnittplan oder eine Schablone, und lassen Sie die inneren Hüllen von einem Polsterer machen.

Herstellen einer Manschette

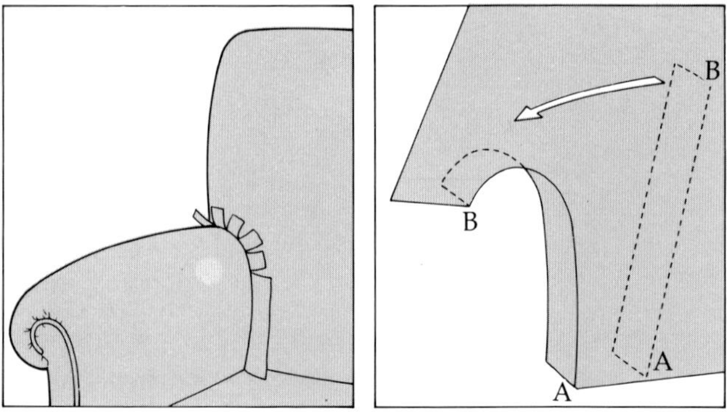

1 *Stoff auf Stuhlrücken legen und einschneiden.*

2 *Manschette von A bis B ans Rückeninnere nähen.*

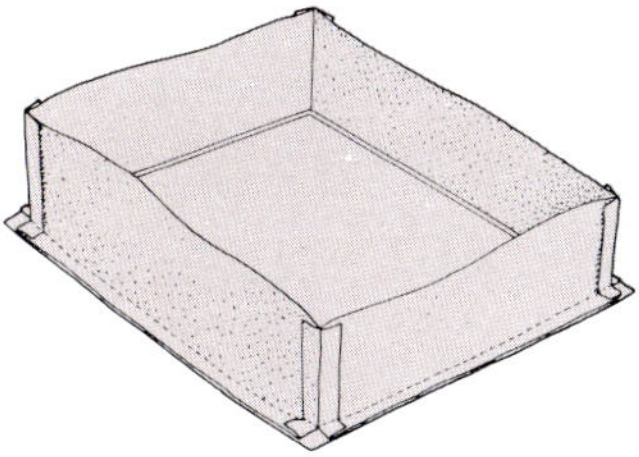

Unter den Kissen kann grobes Gewebe oder Überzugstoff verwendet werden. Die Kissen sind paspelierte Kantenpolster; Einfassungen an den Ecken zusammennähen (links) *und »Plattform« befestigen.*

Legen Sie den Überzugstoff auf und darauf die Schablone; der Stoff sollte von hinten nach vorne verlaufen. Fügen Sie rund um die Schablone 12 mm Nahtzugabe zu. Schneiden Sie für jedes Kissen eine Ober- und eine Unterseite (Plattform genannt) aus. Die Seiten (Einfassungen) werden als fünf einzelne Teile geschnitten – einer für die Vorderfront und für jede Seite, und zwei für die Hinterseite, wo der Reißverschluß angenäht wird. Nähen Sie den Teil mit dem Reißverschluß zuerst, dann verbinden Sie die vier Einfassungsteile und prüfen, ob sie auch zu den Plattformen passen. Die Säume in den Einfassungen müssen genau auf die Ecken von Ober- und Unterteil passen. Paspeln (s. S. 75) direkt an den Ober- und Unterteilen anbringen und damit am hinteren Rand beginnen.

Öffnen Sie den Reißverschluß ein Stück und nähen die Säume der Einfassungen an die Ecken von Ober- und Unterteil. Vorsicht! der obere Stoff rutscht beim Arbeiten leicht weg. Nähen Sie so, daß die Plattform auf der Maschine liegt und die Einfassung oben. Wenn nach fertiger Naht die Einfassungen etwas weiter weg von der Paspelierung liegen, dann nähen Sie noch einmal rund um die Ecken, diesmal mit den Einfassungen auf der Nähmaschine aufliegend und der Plattform darüber.

Projekt 5: *Ein Stillstuhl aus dem 19. Jahrhundert mit Knopfheftung*

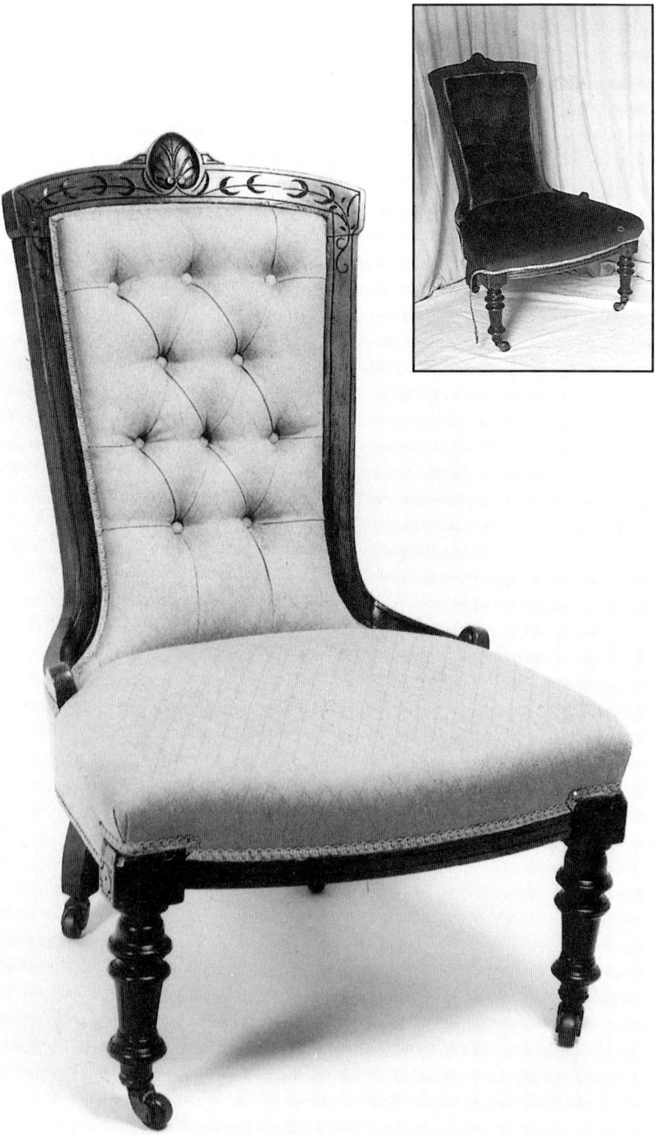

Aufbau

Der Hauptunterschied zwischen diesem Projekt und den vorhergegangenen liegt in der Konstruktion des Rückens. Hier wird eine Rolle aus Füllmaterial rund um die Rücken-Innenseite angelegt, während die Mitte freibleibt. Nessel (Musselin) wird an jenen Punkten angeheftet, wo später die Knöpfe angebracht werden, dann wird der Rücken gefüllt, damit er Form bekommt. Nun wird der Nessel mit Watte abgedeckt und der Bezug fixiert, einerseits durch die Knöpfe im Mittelteil, andererseits durch Nageln entlang dem äußeren Rand bis knapp innerhalb der Sichtholzkante. Der Platz zum Nageln ist bei dieser Art von Stuhl meist sehr schmal und sehr nahe am Sichtholz, man muß also sehr vorsichtig sein, daß man das Holz nicht spaltet. Verwenden Sie daher kleinere und möglichst auch weniger Polsternägel als sonst. Das Befestigen des Außenbezugs mit Schlaufstichen ist hier nicht möglich. Der äußere Rücken wird mit Nägeln ans Holz fixiert, die später mit Borte oder Litze verdeckt werden. Kleben Sie alles auf die übliche Weise fest, seien Sie aber vor allem an der Rücken-Innenseite sehr vorsichtig; es geschieht sehr leicht, daß man den Bezug mit Klebstoff verschmiert.

Vorbereitung

Vergessen Sie nicht, beim Abpolstern eines Stuhls mit Knopfheftung Notizen zu machen; am besten heben Sie sich auch den alten Überzug als Muster auf, damit Sie die Knöpfe richtig plazieren können; außerdem wissen Sie dann genau, wieviel Bezugstoff Sie brauchen. Bevor Sie das Federleinen (Sackleinen) vom Stuhlrücken abnehmen, messen Sie den Abstand der Garnierschlingen, die die Knöpfe fixieren. Machen Sie ein Diagramm von Muster und Entfernung zwischen den Knöpfen von der Stuhlmitte. Bei dieser Art von Stuhl müssen Sie mit dem Rücken beginnen; es ist sehr viel schwieriger, sowohl den Rücken als auch die kleinen Teile zu beiden Seiten des Rückens – so etwas wie sehr niedrige Arme – erst dann zu machen, wenn der Sitz schon fertig ist.

Wählen Sie den Bezugstoff sorgfältig aus. Streifen sehen durch das Knöpfen schief aus, und ein sehr großes Muster geht durch das Knöpfen verloren. Ein durchlaufendes Muster von kleiner oder mittlerer Größe eignet sich am besten. Meiden Sie beschichtete Baumwolle – sie ist steif. Unbeschichtete Baumwolle ist gut geeignet.

Dieser Stuhl ist als erstes Werkstück mit Knopfheftung gut geeignet, denn das Knopfmuster ist einfach. Die Konstruktion des Rückens unterscheidet sich von allen bisher besprochenen Werkstücken, aber die anderen Techniken sind ähnlich.

Der Rücken

Befestigen Sie zwei Streifen Gurtband (s. S. 18/19) an der Rücken-Innenseite des Stuhls. Nageln Sie das Gurtband an die untere Stützleiste, dann spannen Sie es mit der Hand nach oben. Lassen Sie dabei so viel Platz als möglich zwischen dem Sichtholz und der Gurtbandkante.

Schneiden Sie ein Rechteck aus 340-g-Federleinen, groß genug, daß es über den inneren Rücken paßt. Lassen Sie so viel Raum als möglich zwischen den Nägeln und dem Sichtholz und nageln Sie den Stoff provisorisch an die Stützleiste, dann spannen Sie ihn nach oben. Halten Sie die Spannung vertikal, damit die Biegung des Stuhls erhalten bleibt. Wenn die horizontale Spannung zu groß ist, wird der fertige Rücken zu flach sein. Fixieren Sie den Stoff überall am Rücken, schneiden den Überstand weg, schlagen das Federleinen ein und nageln den Überschlag fest (s. S. 18/19). Markieren Sie eine Linie in der Mitte des Rückens von oben nach unten. Sorgfalt ist eine wichtige Voraussetzung.

Schneiden Sie ein rechteckiges Stück Fassonleinen zu, das rundherum ca. 18 cm größer ist als das Federleinen, falten Sie es in die Hälfte und markieren in der Mitte eine vertikale Linie. Fixieren Sie das Fassonleinen mit Stiften an das Federleinen, passen die Mittellinien aufeinander, dann befestigen Sie es mit einem Laufstich 9 cm innerhalb des Sichtholzes. Nähen Sie entlang der Stuhlunterseite ca. 16 cm über der Stützleiste fest; benutzen Sie dabei eine gebogene Nadel und feines Garniergarn und machen kleine Stiche.

Legen Sie den Stuhl auf den Rücken und stützen ihn mit stoffüberzogenen Holzstücken, damit das Sichtholz nicht beschädigt wird. Beginnen Sie oben in der Mitte damit, zerzupfte Faser unter das Fassonleinen zu schieben; schlagen Sie das Fassonleinen unter das Fasermaterial (s. S. 26/27) und nageln es provisorisch fest. Diese Rolle soll fest sein und der Linie des Rahmens folgen. Machen Sie zuerst den oberen Mittelteil fertig, dann die seitlichen Mittelteile, dann die Löcher dazwischen. Schneiden Sie während der Arbeit das überstehende Fassonleinen weg, so daß Sie wenig Stoff unterschlagen müssen.

Unten füllen Sie den Raum nahe dem Holz gut, damit das Sitzende eine feste Rückenstütze hat. Dieser Teil sollte nach Fertigstellung des Stuhls genau auf den Sitz passen. Sobald Sie mit der Form zufrieden sind, schlagen Sie alle Nägel fest ein.

Nähen Sie rund um die Kantenrolle, so daß sie ihre Fasson behält. Benutzen Sie dazu eine größere, gebogene Nadel anstatt der sonst üblichen Bajonettnadel; wenn Sie eine Doppelspitze nehmen, ist das Nähen viel leichter (wenn Sie keine Doppelspitze haben, dann feilen Sie eine Spitze am Öhr einer langen gebogenen Nadel). Machen Sie eine Reihe Blind-(Senk-)Stiche (s. S. 28–29) ganz nahe an den Nägeln rund um den ganzen Rand, aber nicht den Boden entlang; dann machen Sie über der Blindstichreihe eine

Reihe Hinterstiche (s. S. 28/29) und schieben dabei immer wieder die Faser in den Rand. Die Rolle sollte jetzt keilförmig sein. Geduld ist wichtig.

Sobald die keilförmige Rolle fertig ist, haben Sie damit die Grundform des Rückens fertig. Die Füllung unter dem Nessel und die Heftung werden innerhalb dieser Kante vorgenommen, nur die äußeren Falten werden an den Rahmen genagelt.

Plan für eine Heftung

Machen Sie zuerst eine Skizze auf einem Stück Papier, wobei Sie die Maße verwenden, die Sie beim Abpolstern zwischen den Schlaufen auf dem Federleinen genommen haben. Vergessen Sie nicht, daß die Rauten in gleichem Abstand voneinander und höher als breit sein sollen.

Plazieren Sie einen Nagel auf die Mittellinie, wo die unterste Knopfreihe sein soll. Von diesem Punkt aus messen Sie nach jeder Seite der Linie eine halbe Rautenbreite und geben Nägel auf diesen Punkt (A). Jetzt messen Sie von diesen Nägeln aus die volle Höhe der Rauten (B). Vom ersten Nagel aus messen Sie eine halbe Rautenhöhe (C). Achten Sie darauf, daß der Abstand von der Mittellinie bei B der gleiche ist wie bei A. Messen Sie die Heftpunkte weiter aus, und markieren Sie sie im Fassonleinen, wobei Sie darauf achten sollen, daß sowohl die horizontalen wie die vertikalen Linien parallel laufen. Keiner der Nägel an der Außenseite sollte dem Sichtholz näher sein als eine halbe Rautenbreite. Wenn das Rautenmuster, das die Nägel bilden, an einigen Punkten dem Rand zu nahe scheint, dann schieben Sie die Rauten so lange zurecht, bis sie Ihnen richtig vorkommen. Prüfen Sie, ob Sie die richtige Zahl von Reihen und Linien haben, indem Sie mit dem ursprünglichen Bezugstoff vergleichen. Die Abstände zwischen den Knopfstellen am Überzug können bis zu 4 cm größer sein als auf dem Federleinen, damit die Füllung dazwischen Platz hat. Wenn Sie glauben, daß die Nägel an der richtigen Stelle sind, entfernen Sie einen nach dem anderen und markieren Sie ihre Lage mit Schneiderkreide.

Markieren Sie den Nessel (der Bezug wird dieselben Markierungen haben, notieren Sie daher die Heftabstände). Um Ihren Bedarf an Nessel zu berechnen, messen Sie über die Kantenrolle am breitesten Punkt und fügen für jeden Knopf 3,5 cm hinzu; wenn die Breite also z. B. 60 cm beträgt und Sie an der breitesten Stelle drei Knöpfe haben, so braucht der Nessel eine Gesamtbreite von 60 cm + 10,5 cm = 70,5 cm. Berechnen Sie die Länge auf die gleiche Art, und zwar messen Sie von der Außenseite der Stützleiste aus.

Falten Sie den Nessel der Länge nach in die Hälfte, um die Mitte zu finden, und markieren Sie sie mit Schneiderkreide. Markieren Sie die Lage der untersten Knopfreihe (A). Um diese Linie zu finden, messen Sie von der Stützleiste aufwärts zu den untersten Knöpfen. Zeichnen Sie zwei Linien (B und C), beide in der vollen Höhe einer Raute, plus 3,5 cm Zugabe, z. B. 13 cm + 3,5 cm = 16,5 cm. Auf der Linie A messen Sie von der Mittellinie eine halbe Rautenbreite – einschließlich die 3,5 cm Knopfzugabe, also zum Beispiel 10 cm + 3,5 cm halbiert = 6,75 cm – an beiden Seiten, und markieren Sie diese Punkte (D). Wiederholen Sie diesen Vorgang auf den Linien B und C (auf der Höhe von einer und von zwei Rauten) und markieren Sie die Punkte E und F. Von den Punkten D,

E und F messen und markieren Sie eine volle Rautenbreite, d. h. 13,5 cm; dadurch erhalten Sie die Punkte G, H und J. Verbinden Sie diese Punkte diagonal; an den Schnittpunkten dieser Linien erhalten Sie die weiteren Knopfpunkte. Markieren Sie nur jene Punkte, die später einen Knopf bekommen, mit bunter Kreide.

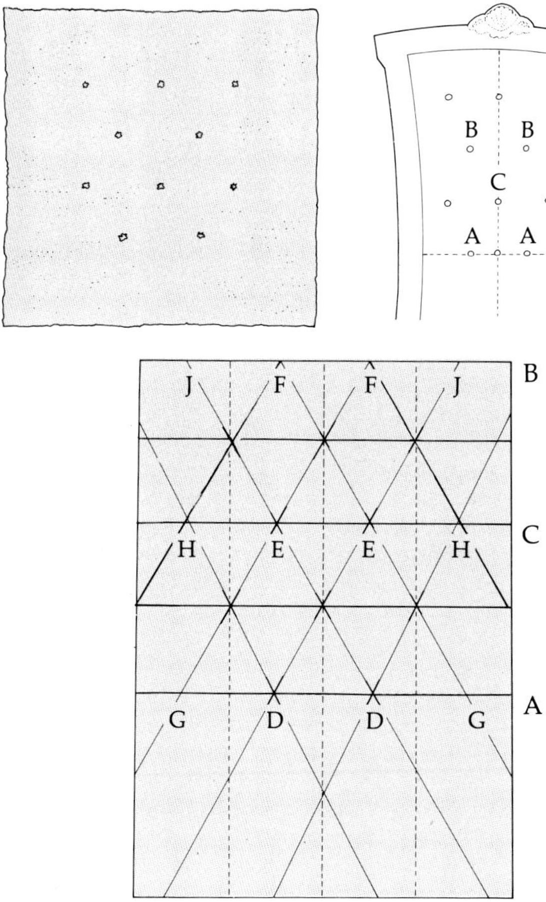

Nach Muster des ursprünglichen Federleinens (o. l.) *groben Heftplan machen, Muster mit Nägeln am Stuhl markieren* (o. r.). *Punkte mit Knöpfen auf Nessel und auf Überzug, auf beiden Stoffen mit Schneiderkreide markieren.*

Befestigung der Knöpfe

Schneiden Sie Garnierfaden etwa 30 cm lang, fädeln Sie damit eine Knopfnadel ein, und stechen Sie damit durch Nessel, Fasson- und Federleinen, und zwar etwas seitlich vom ersten Knopf- oder Heftpunkt. Ziehen Sie den Faden an diesem Ende durch, fädeln Sie dann das andere Fadenende in die Nadel, und stechen Sie damit durch die andere Seite des Heftpunkts. Bilden Sie mit diesen beiden Enden einen Schlaufknoten, um damit den Nessel festzuhalten. Geben Sie unter die Fadenschlinge einen kleinen »Schmetterling« aus Nessel oder Watte, damit der Nessel nicht reißt. Wiederholen Sie diesen Vorgang bei allen Knopfstellen der untersten Reihe, dann in der nächsten Reihe nach oben.

Verzupfen Sie etwas Roßhaar und schieben Sie es unter den Nessel, um damit den Zwischenraum zwischen den Knopfpunkten zu füllen. Schieben Sie noch mehr Roßhaar *unter* die erste Handvoll. Der Nessel sollte jetzt zwischen den Knopfpunkten diagonale Falten bilden. Schieben Sie diese Falten zurecht, während Sie noch mehr Füllmaterial einbringen. Es dürfen sich dazwischen keine Hohlräume bilden. Sobald Sie die Löcher zwischen den beiden ersten Knopfreihen gefüllt haben, machen Sie die dritte Reihe und füllen sie auf usw., bis Sie mit der Mitte des Stuhls fertig sind. Dann arbeiten Sie rund um den Rand, bis der ganze Rücken gefüllt ist und gleich hoch mit der Oberseite der Kantenrolle. Fixieren Sie den Nessel rundherum am Rand mit Schnürstiften. Schneiden Sie den Überstand weg, schieben den Stoff unter das Roßhaar und nageln ihn leicht über den Rand der Rolle. Legen Sie die Falten an der Kante zurecht, dann machen Sie einen Knopflochstich wie am gerollten Arm, um den Nessel in Position zu halten (s. S. 44/45). Unten schieben Sie noch mehr Roßhaar über das Fassonleinen und nageln den Nessel an die Außenseite der Stützleiste. Von den untersten Knopfreihen legen Sie die Falten vertikal hinunter.

Schneiden Sie ein rechteckiges Stück Bezugstoff, etwas größer als das Nesselstück, und übertragen Sie den Knopfplan mit Schneiderkreide auf die *Rückseite* des Bezugstoffes.

Schneiden Sie ein Stück Flachsfilz zum Abdecken des ganzen Stuhlrückens, und legen Sie es über den Nessel. Machen Sie vorsichtig Löcher in den Filz, indem Sie ihn über den Knopfpunkten der untersten Reihe leicht auseinanderziehen. Plazieren Sie den Bezug darüber. Stechen Sie mit dem Garnierfaden durch den Bezug, aber diesmal fädeln Sie, noch bevor Sie wieder zurückstechen, einen Knopf auf das Garn. Lassen Sie den Knopf in das Loch im Filz gleiten und ziehen das Garn fest an. Machen Sie hinten einen Schlaufknoten, und geben Sie einen »Schmetterling« aus Stoff oder Gurtband zwischen das Federleinen und den Knoten. Rücken Sie mit dem Haarzieher die Falten zurecht, die alle nach unten zum Sitz sehen sollten. Sobald alle Knöpfe an Ort und Stelle sind, ziehen Sie überall das Garn fest und verknoten es. Legen Sie

Das Befestigen der Knöpfe

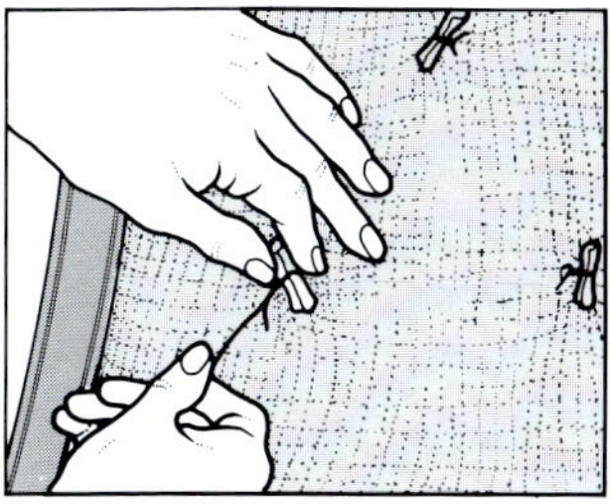

1 *»Schmetterling« unter Garnschlinge geben.*

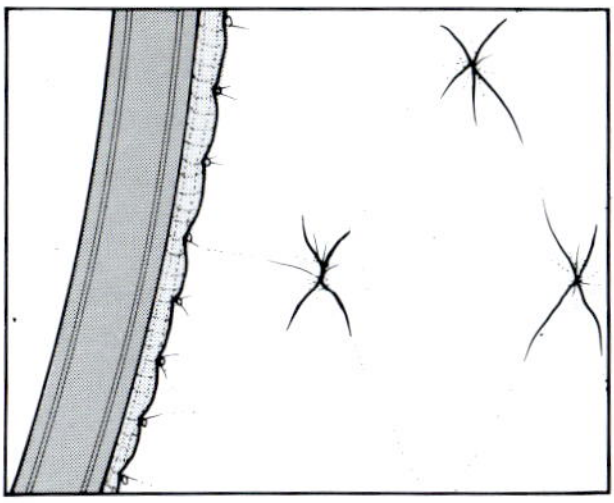

2 *Nessel soll diagonale Falten bilden.*

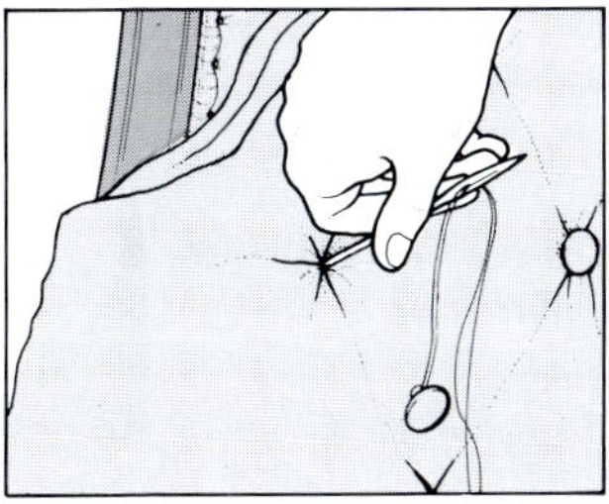

3 *Fädeln Sie Knöpfe auf das Garn; Garn hinten verknoten.*

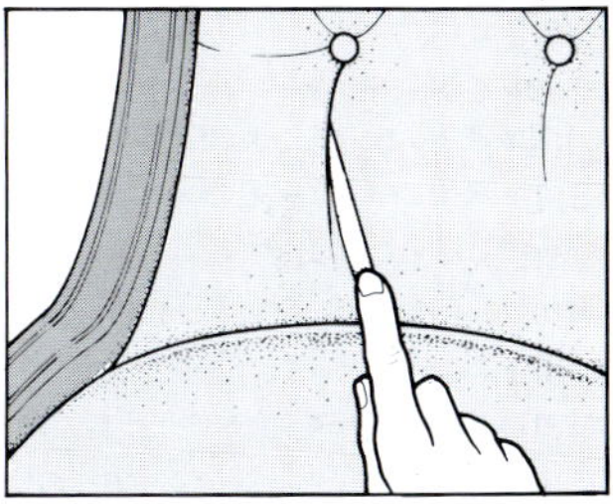

4 *Schieben Sie mit dem Haarzieher die Falten zurecht.*

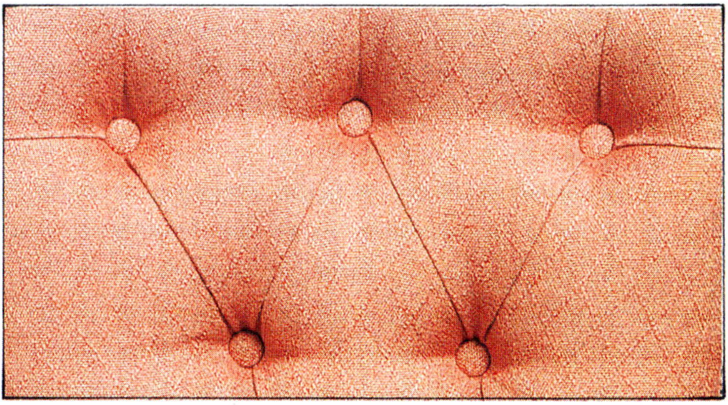

Die Knöpfe sollten gleichmäßig festgezogen sein, die Falten ein möglichst vollkommenes Rautenmuster formen.

die Falten oben und an den Seiten zurecht, und nageln Sie sie fest. Die Seitenfalten sollten alle nach unten sehen, aber die oberen und die unteren Falten entweder nach innen oder nach außen. Nageln Sie den unteren Rand provisorisch an die Außenseite der Stützleiste, und lassen Sie es so, bis der Sitz fertig ist. Schneiden Sie überschüssigen Stoff weg.

Die Seitenteile

Die kleinen Teile zu beiden Seiten des Sitzes an der Kurve des Rückens, sollten fertig sein, bevor Sie den Sitz in Angriff nehmen. Nageln Sie ein kleines Stück Bezugsstoff ziemlich nahe beim Sichtholz fest. Stopfen Sie es mit Flachsfilz. Es muß auf gleicher Höhe mit dem unteren Rand des Rückens sein. Nageln Sie unterhalb der Sitzlinie an.

Der Sitz

Befestigen Sie Gurtband, Federn und Federleinen (s. S. 34–37). Bringen Sie die Federfüllung an, nageln das Fassonleinen nieder und machen Schlaufen, (s. S. 28/29); vordere Ecken s. S. 30/31. Bringen Sie die zweite Füllung an, dann Nessel, Flachsfilz und Überzug (s. S. 29/31), nehmen aber den Bezugstoff bis unter die Sitzleisten und nageln ihn an der Stuhlunterseite fest. Am Rücken nageln Sie den Bezug an der Oberseite der Sitzleisten ab.

Außenbezüge

Bei diesem Arbeitsvorgang drehen Sie den Stuhl am besten um, so daß er nach unten sieht. Ziehen Sie mit Kreide eine Linie rund um den Stuhlrücken, wo der Bezug endet – vielleicht ist das zwar schon ausgezeichnet, ist aber oft schief. Nageln Sie ein Stück 340-g-Federleinen mit feinen 10-mm-Nägeln über den ganzen Rücken. Schneiden Sie den Überstand bis zu den Nägeln weg.

Legen Sie über das Federleinen eine Schicht Polsterwatte. Legen Sie den Bezug darauf, achten Sie darauf, daß er gerade ist und nageln ihn provisorisch oben, unten und an den Seiten fest. Beginnen Sie an der oberen Mitte und biegen dann den Bezug hinunter, so daß die Falte auf einer Höhe mit der Kreidelinie ist. Schneiden Sie den überschüssigen Stoff weg, dann schlagen Sie die Nägel ein. Arbeiten Sie auf diese Weise rund um die hintere Biegung. Unten schneiden Sie den Bezugstoff so, daß er um die Beine paßt, und nageln ihn unter der Sitzleiste an.

Wenn die Seitenteile kurz sind, führen Sie den Bezug in einem Stück rund um den ganzen Rücken. Sind sie aber lang, dann müssen Sie sie einzeln abdecken. Behandeln Sie sie wie verkleinerte Rücken; dort, wo sie auf den Rücken stoßen, machen Sie eine glatte Falte; oder aber Sie nähen sie mit der Maschine. Legen Sie den Überzug auf den Stuhlrücken, fixieren ihn, nähen Sie mit der Maschine die Extrateile an, und dann schlagen Sie die Nägel ein, wie oben beschrieben. Fertigen Sie alle Ränder mit Borte (s. S. 31 und S. 74/75). Dann bringen Sie den Staubboden an (s. S. 22/23).

Sobald Sie die Technik des Knöpfens oder Heftens beherrschen, können Sie sich auch an schwierige Heftformen heranwagen.

Bezugstoffe für Polstermöbel

Es gibt so viele verschiedene Stoffarten, die für Polstermöbel geeignet sind, daß es unmöglich ist, hier mehr als eine allgemeine Übersicht zu geben. Für Bezugstoffe wird meist ein sehr starkes Garn verwendet, das viel verträgt, und meist auch dicht gewebt ist. Die Stoffe können aus natürlichen oder aus Kunstfasern oder auch aus einer Verbindung von beidem bestehen. Jedes gute Fachgeschäft wird Sie bezüglich Qualität und Stoffzusammensetzung beraten.

Naturfasern saugen besser als Kunstfasern, was nicht unwichtig ist, wenn man auf einem Stuhl längere Zeit sitzen muß. Es ist auch wichtig, wie sich der Stoff anfühlt – manche Tweeds z. B. können unbequem sein, weil sie durch dünne Kleidung hindurch »kratzen«.

Bei Ihren ersten Werkstücken halten Sie sich am besten an Stoffe mit einfacher Webart und Finish; mit Geweben wie z. B. Twill tut man sich schwer. Stretchstoffe sind meist gewirkt, einige sind aber auch gewebt und haben einen elastischen Faden eingewebt. Im allgemeinen gilt, daß Strickstoffe nicht leicht zu verarbeiten sind und außerdem mit der Zeit ihre Fasson verlieren. Meiden Sie glänzende Stoffe, solange Sie noch nicht sehr viel Erfahrung haben – man sieht leicht Ziehstellen (»Nagelkrawatten« genannt), wo die Nägel eingeführt wurden.

Beschichtete Baumwolle eignet sich für einfache Flächen wie z. B. herausnehmbare Polster, aber wegen ihrer Steifheit läßt sie sich um kompliziertere Formen nicht gut biegen. Auch Streifen können Schwierigkeiten machen, weil die Spannung unter Umständen nicht von Seite zu Seite, sondern immer nur die Streifen entlang wirkt.

Es gibt viele Stoffe, die sich als Bezüge für Polstermöbel eignen. Aber Sie dürfen bei Ihrer Wahl nicht nur Farbe und Muster berücksichtigen, sondern unbedingt auch die Konsistenz.

Bemühen Sie sich vor allem, für jedes Möbelstück den geeigneten Bezug auszuwählen; so paßt ein großes Muster z. B. nicht auf einen kleinen Stuhl.

Abschätzung des Stoffverbrauchs

Um herauszufinden, wieviel Stoff Sie für einen Stuhl brauchen, messen Sie jedes Teil ab (Sitz, innerer Rücken, innerer Arm, äußerer Rücken, äußerer Arm, Vorderseite), zuerst einmal die Breite. Sie können ruhig über die alte Polsterung messen, bevor Sie das Möbel abpolstern, aber denken Sie daran, daß erstens die Füllung wahrscheinlich etwas zusammengedrückt ist, vor allem im Sitz, und daß Sie zweitens die Polsterung vielleicht nicht in genau der gleichen Größe und Form wie beim Original herstellen werden. Vergessen Sie auch nicht, daß meist jedes Stück an einer unsichtbaren Leiste angenagelt wird, so daß Sie überall noch eine Zugabe brauchen. Wenn Sie alle Maße aufgeschrieben haben, machen Sie sich einen Schnittplan (s. S. 76). Schieben Sie die Teile herum, bis Sie einen stoffsparenden Plan ausgearbeitet haben, und achten Sie auch darauf, daß das Muster immer in die gleiche Richtung laufen muß.

Paspeln sollen zwar diagonal geschnitten werden, aber wenn die Ecken nicht sehr kantig sind, geht es auch gerade. Paspeln und Litzen kann man aus Stoffresten der Hauptteile zuschneiden.

Posamenten

Für den Polsterer sind Posamenten nicht nur Dekoration; sie bedecken Nagelköpfe, unvernähte Ränder und Nähte im Stoff. Nagelköpfe und unvernähte Ränder sind leicht mit Borte oder Litze abzudecken. Man kann sie entweder annähen, mit Schnürstiften befestigen oder mit Latex ankleben (s. S. 31).

Borten gibt es in vielen Farben und Mustern, man kann sie, wenn nötig, auch speziell einfärben lassen. Obwohl man heute Fransen für Möbel eigentlich kaum noch verwendet, gibt es doch Stilmöbel, bei denen ein dichter Fransenrand rund um den Sitz gut aussieht.

Ziernägel gibt es in vielen Mustern und Größen in Messing oder Bronze; man kann sie eng aufnageln, ohne Zwischenraum oder mit Zwischenraum. Für Ziernägel müssen Sie bei der Befestigung des Bezugs sparsam mit Nägeln umgehen, damit sie noch Platz finden. Sie sind nicht gerade leicht anzubringen, weil sich manche Polsternägel beim Draufschlagen verziehen. Das kann man u. a. dadurch verhindern, daß man mit einem Nagel oder einem anderen spitzen Gegenstand ein Loch vorbohrt, so daß man dann nicht mehr so fest auf den Ziernagel schlagen muß.

Auch Dekorationsschnüre gibt es in vielen Farben und Stärken; man befestigt sie mit Schlingstichen. Schnüre sollte man nicht kleben. Paspeln oder Stoßkanten werden oft in Nähte von Kissen eingearbeitet, aber es kann auch überall dort verwendet werden, wo eine Naht ist (um die Nahtzugabe zu verstecken). Man kann die Paspeln mit Schlingstichen an der Außenseite eines Stuhlbezugs befestigen und dann den Außenbezug und die Paspeln in einem Arbeitsgang an den Hauptbezug annähen. Ein Nahtabschluß, der in der gleichen Weise zu behandeln ist wie Paspeln, sind Rüschen. Man kann sie fertig kaufen. Sie haben ebenso wie Paspeln eine Nahtzugabe zum Annähen. Aber Rüschen tragen auf, man verwendet sie daher seltener. Wenn Sie ein altes Möbelstück haben, das seinen Originalbezug nicht mehr besitzt, und nicht sicher sind, welche Posamenten Sie verwenden sollen, dann forschen Sie etwas nach.

Studieren Sie stilkundliche Werke über Möbel (mehrere, da nicht alle verläßlich sind). Manche Museen haben öffentliche Bibliotheken; Sie können auch in der Möbelabteilung Ihres Museums um Rat fragen.

Borten und Litzen passen oft farblich nicht zum Bezug; vor dem Kauf auf die farbliche Übereinstimmung achten.

Paspeln (Stoßkanten)

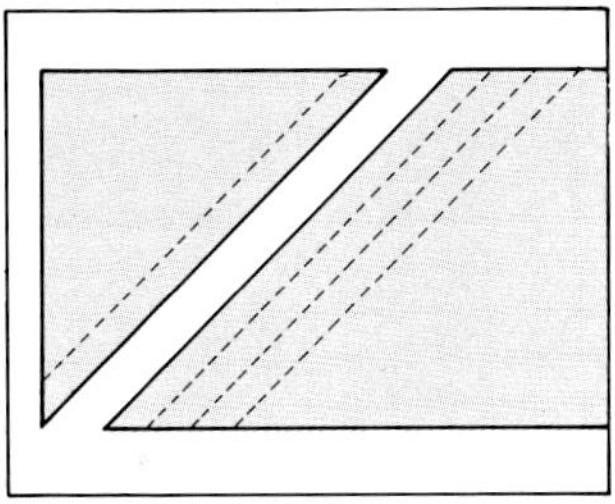

1 *40 mm breite Streifen diagonal zuschneiden.*

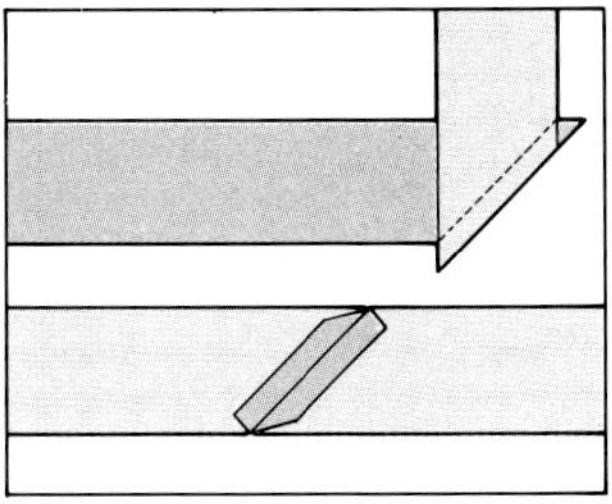

2 *Paspeln zusammennähen, Säume auf 15 mm schneiden.*

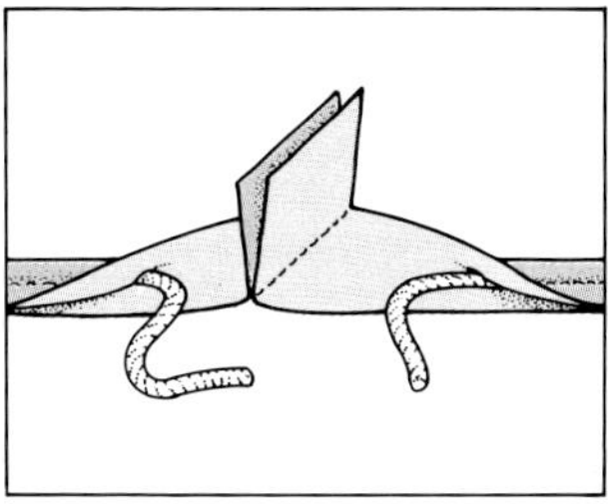

3 *Schnur in Stoffstreifen einnähen.*

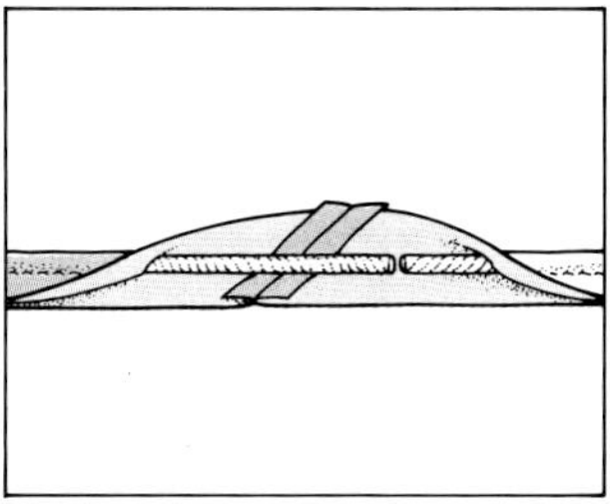

4 *Durch mehrmaliges Hin- und Hernähen verbinden.*

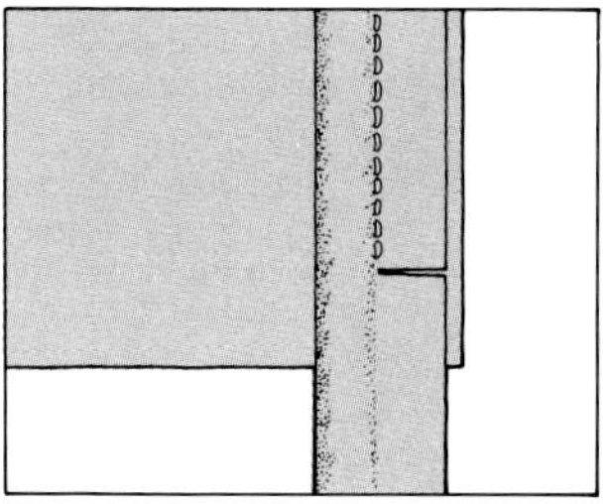

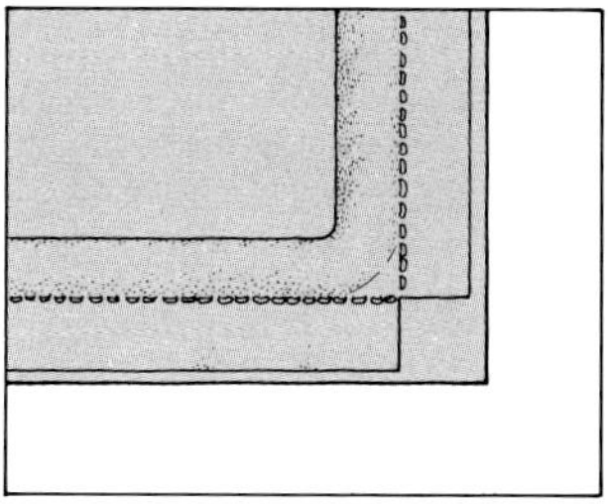

5 *Paspeln in Ecken: Füßchen der Nähmaschine heben, Paspel einschneiden, wenden, Füßchen senken, weiternähen.*

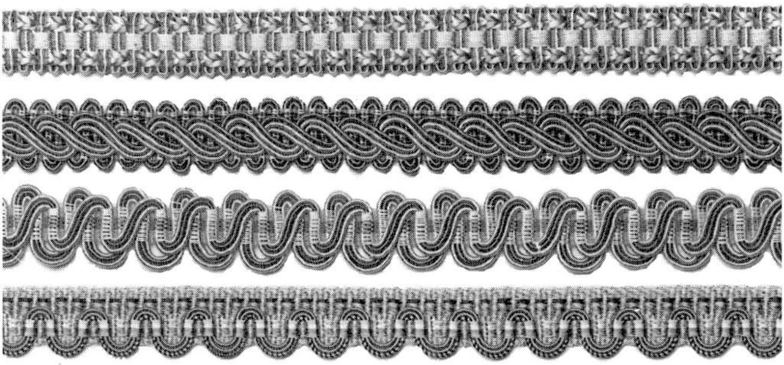

Zuschneidepläne

Plan A gilt für 120 cm Stoffbreite, Plan B für 140 cm Stoffbreite. Die gebräuchlichere Stoffbreite ist heute 140 cm; denken Sie also beim Kauf daran. Wenn der von Ihnen ausgesuchte Stoff ein Muster hat, dann brauchen Sie noch zusätzlichen Stoff zum Anpassen des Musters, den Sie auf folgende Weise berechnen: Für jede zweite Linie quer durch den Schnittplan fügen Sie eine volle Musterlänge hinzu; für Plan A brauchen Sie also dreimal zusätzlich die Länge des Musters, für Plan B zweieinhalbmal die Länge des Musters.

Liste der Stuhlmaße

	Breite	Länge
S (Sitzfläche)	120 cm	100 cm
I/R (Innenseite Rücken)	85 cm	100 cm
I/A (Innenseite Armteil)	75 cm	60 cm
A/R (Außenseite Rücken)	63 cm	75 cm
A/A (Außenseite Armteil)	70 cm	40 cm
V (Vorderseite)	10 cm	25 cm

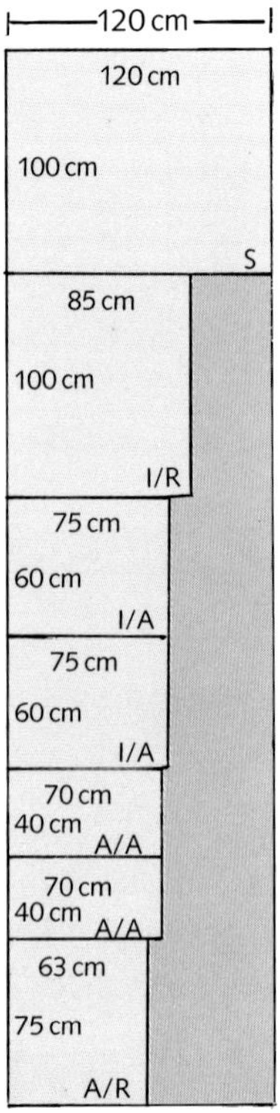

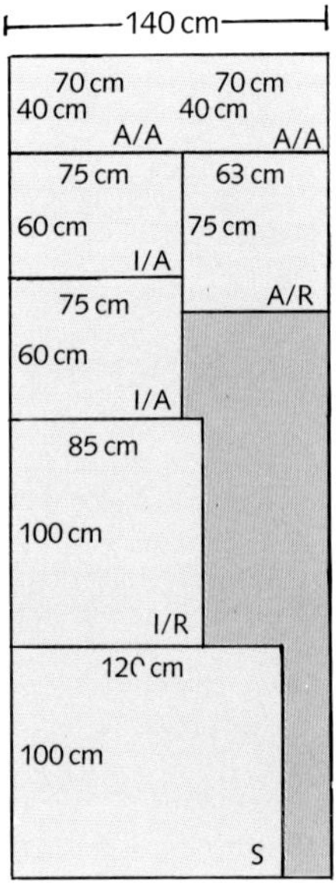